FVSR

Fachverlag für Steuern und Recht GmbH

Dipl.-Kfm. Elmar Goldstein

Einstieg in die Anlagenbuchhaltung

FVSR FACHVERLAG FÜR STEUERN UND RECHT GMBH

Die Deutsche Bibliothek - CIP-Einheitsaufnahme

Print: ISBN 978-3-941729-28-5
E-Book: ISBN 978-3-941729-78-0

Elmar Goldstein
Einstieg in die Anlagenbuchhaltung

1. Auflage

69469 Weinheim, Kopernikussstr. 41
Internet: http://www.fvsr.de, E-Mail: contact@fvsr.de

Layout: WALDENDESIGN, I-57023 Cecina
Coverfoto: © Triopack /PIXELIO
Druck: BoD GmbH, Gutenbergring 53 D-22848 Norderstedt

Inhaltsverzeichnis

Einführung

Welches Unternehmen kommt schon ohne Anlagegüter aus ? Vom Kleinunternehmer angefangen, dem das Finanzamt neben seiner Einnahmen-Überschussrechnung noch ein Anlagenverzeichnis zu seinem Firmenwagen und Computer abverlangt bis hin zum Konzern, der für Gebäude, Maschinenparks und Einrichtungen Anlagespiegel und Erläuterungen nach IAS bzw. IFRS (International Financial Reporting Standard) aufstellt – jeder Betrieb verwaltet die Lebenszyklen seiner Anlagegüter.

Die Grundlagen dieser Anlagenbuchhaltung sind die gleichen – lediglich Umfang der Rechenwerke und Auswertungen unterscheiden sich erheblich. In diesem ersten umfassenden Praxisbuch zur Anlagenbuchhaltung sind sowohl für den Anfänger die Grundzüge einfach mit vielen Beispielen erklärt als auch für den erfahrenen Praktiker Einzelfragen exakt behandelt und mit gesetzlichen Fundstellen belegt. Der Bezug zu den Vorschriften des IAS bietet zudem einen Ausblick auf die kommende Rechnungslegung.

Hier finden Sie die Arbeitsmittel, um schnell auf Papier oder in einer EXCEL-Tabelle ein Anlagenverzeichnis aufzustellen. Außerdem erfahren Anwender professioneller Anlagenbuchhaltungs-Programme alles Wesentliche von der Softwarebeschaffung bis hin zu Herstelleradressen.

Es gibt kein Buch, das nicht noch besser gemacht werden könnte. Verlag und Autor sind deshalb für jede Anregung, Verbesserungsvorschläge und Kritik dankbar.

Weinheim, im Februar 2021

Dipl.-Kfm. Elmar Goldstein

Wie Sie Anlagegüter bewerten und abschreiben

Was Sie in diesem Kapitel erfahren

In der Anlagenbuchung machen Sie die Kosten vieler Ihrer betrieblichen Anschaffungen steuerlich geltend - vom Pkw über die Maschine bis hin zum Firmengebäude. In diesem Kapitel erfahren Sie Grundlegendes zur Anlagenbuchhaltung, verständlich und an Beispielen erklärt, vom rechtlichen Hintergrund bis zu den Methoden.

Wir klären die Fragen:

- Was dürfen Sie abschreiben?
- Wer darf abschreiben?
- Welchen Wert setzen Sie an?
- Ab wann und wie lange wird abgeschrieben?
- Wie wird abgeschrieben?

Wenn Ihnen die Abschreibung im Grundsatz schon klar ist und Sie in den Methoden schon etwas geübt sind, können Sie gleich zu den konkreten Praxisfällen vorblättern.

„Abschreiben" - was bedeutet das eigentlich?

„Abschreiben" dürfte bei den wenigsten Unternehmern einen negativen Beigeschmack haben, heißt es doch nichts anderes, als dass sie damit die Kosten vieler Investitionen beim Finanzamt geltend machen können. Haben Sie beispielsweise einen oder mehrere Firmen-Pkws? Die dürfen Sie „abschreiben".

Das Gleiche machen Sie mit Ihrer Buchhaltungssoftware; und auch der Chefsessel und die neuen Stühle in der Kantine werden „abgeschrieben" - alles größere Anschaffungen und durchaus kostspieliger als dieses Buch. Das dürfen Sie zwar auch steuerlich geltend machen, es ist aber kein Fall für die Anlagenbuchhaltung! Das heißt also, nicht alles, was Sie für Ihren Betrieb anschaffen, wird auch abgeschrieben.

Wollen wir hier weitere Aufklärung, so werden wir im HGB fündig: Es besagt zunächst, dass das Anlagevermögen in der Handelsbilanz auf der Aktivseite gesondert auszuweisen ist (gem. § 247 Abs. 1 HGB). Nach § 247 Abs. 2 HGB sind als Anlagevermögen jedoch nur solche Gegenstände auszuweisen, die bestimmt sind, dauernd dem Geschäftsbetrieb zu dienen. Diese Definition ist auch für die Steuerbilanz maßgeblich.

Was ein Hühnerei von einer Rührmaschine unterscheidet

Daraus lässt sich schließen, was so ein „abschreibbares" Anlagegut eigentlich ausmacht: Anlagegüter sollen im Betrieb gebraucht werden - und nicht verbraucht, wie es bei den Roh-, Hilfs- und Betriebsstoffen der Fall ist. Und Anlagegüter sollen auch nicht weiterveräußert werden wie die Waren und Erzeugnisse eines Unternehmens. Wenn der Bäcker ein paar Eier in den Kuchenteig schlägt, so dienen diese Naturprodukte zwar durchaus seinem Umsatz, ist doch der Kuchen, der dabei herauskommt, (hoffentlich) flugs verkauft. Erwirbt unser Bäcker hingegen eine Rührmaschine, klingelt die Kasse zunächst nicht automatisch - doch wird das Gerät ihm für die Herstellung noch vieler Torten nützliche Dienste leisten, es dient dem Geschäftsbetrieb also dauerhaft. Unter diesem Gesichtspunkt gehören auch die eingangs genannten Anschaffungen zum Anlagevermögen.

Aber, fragen Sie sich jetzt vielleicht, auch eine Rührmaschine ist nicht für die Ewigkeit geschaffen und geht irgendwann kaputt - sie wird durch den ständigen Gebrauch abgenutzt. Und selbst die Software, die sich zwar nicht physisch abnutzt, ist irgendwann nicht mehr dienlich, da sie rechtlich überholt ist.

Voraussetzungen für die Abschreibung

Was Sie angeschafft haben, ist dauerhaft nutzbar

Dieser Aspekt der Abnutzung führt uns zur Abschreibung: Vermögensgegenstände des abnutzbaren Anlagevermögens stehen dem Unternehmen in der Regel für mehr als ein Jahr zur Verfügung -wenn auch ihre Nutzung zeitlich nicht völlig unbegrenzt ist. Die Kosten (für Anschaffung oder Herstellung) dieser Gegenstände werden deshalb durch die so genannten Abschreibungen „planmäßig" über die Nutzungsdauer verteilt und als Aufwand abgesetzt (daher die Abkürzung Afa: Absetzung für Abnutzung). „Planmäßig" deshalb, weil diese Abschreibungen nicht willkürlich vorgenommen werden können, sondern nur nach bestimmten Methoden (s. u.).
Buchhalterisch gesprochen: Mit der Abschreibung wird der Werteverzehr eines Vermögensgegenstands erfasst und als Aufwand berücksichtigt. Das leuchtet ein, denn mit seiner zunehmenden Abnutzung verliert ein Gegenstand auch zunehmend an Wert.
All dies geschieht, wie eingangs schon gesagt, in der Anlagenbuchhaltung.

Tipp:
Durch einen niedrigen oder hohen Ansatz von Abschreibungen können Sie den Jahresgewinn steuern und damit direkt auf die Steuerlast einwirken.

Die Sache ist tatsächlich angeschafft oder hergestellt!

Doch zunächst zu ein paar ganz praktischen Voraussetzungen.
Die AfA können Sie erst von dem Zeitpunkt an vornehmen, an dem das Wirtschaftsgut angeschafft oder hergestellt wurde.

- Eine Anschaffung liegt vor, wenn das wirtschaftliche Eigentum - also z. B. Nutzung, Lasten und Gefahren des Untergangs - an den Käufer übergeht. Für die Frage, ob wirtschaftliches Eigentum vorliegt oder nicht, ist das Bestelldatum oder das Datum der Rechnungsstellung damit absolut irrelevant.
- Als hergestellt gilt ein Wirtschaftsgut, wenn es seinem Verwendungszweck nach genutzt werden kann.

Sind Sie auch abschreibungsberechtigt?

Abschreibungsberechtigt kann in der Regel nur derjenige sein, der die Kosten für die Anschaffung oder Herstellung auch getragen hat. Grundsätzlich ist dies der wirtschaftliche Eigentümer, der das Anlagegut nutzt (entspricht dem IAS-Grundsatz substance over form). Ob sich auf einen Gegenstand noch ein Eigentumsvorbehalt erstreckt oder ob eine Sicherungsübereignung an die Bank stattgefunden hat (oft der Fall bei Anschaffung von großen Maschinen), ist bedeutungslos.

Bei geleasten Gegenständen können sich in Grenzfällen Zuordnungsprobleme ergeben. In den meisten Verträgen ist jedoch gewollt, dass der Leasingnehmer kein Eigentümer wird und nicht die Abschreibung, sondern die Leasingraten und die anteilige Sonderzahlung als Betriebsausgabe berücksichtigen kann. Während das HGB beim Leasing keine Hilfe bietet und stattdessen das Steuerrecht die Zuordnung regelt, beschreibt IAS 17 (Leases) Kriterien für die verschiedenen Vertragsformen.

Nur wirtschaftlich sinnvoll abschreiben!

Möglichst hohe Abschreibungen!
Bei dieser Strategie verfolgen Sie das Ziel, mit hohen Abschreibungen den Gewinn und damit die Steuerlast zu mindern. Dies ist grundsätzlich richtig. Halten Sie sich aber vor Augen, dass der Staat kein Geld verschenkt, sondern die Steuer nur stundet, und zwar nur so lange, bis Sie in zukünftigen Jahren höhere Gewinne einfahren (weil Sie dann vielleicht weniger „zum Abschreiben“ haben).
Aber diesen Zeitvorsprung können Sie zumindest nutzen: Bis dahin können Sie Ihr Geld besser einsetzen (etwa für Investitionen), als es für Steuervorauszahlungen zu verwenden.

Tipp:

Doch Sie sollten nicht planlos regelrechte Abschreibungsobjekte bilden, um Steuern zu sparen. Die Investitionen sollten immer auch wirtschaftlich sinnvoll sein, oder es sollte damit renditeträchtiges Vermögen gebildet werden. Ansonsten bezahlen Sie letztlich unnötig Geld für einen kurzfristigen Steuervorteil.

Abschreibungsmethoden – was unterscheidet sie?

So schreiben Sie planmäßig ab

Es gibt drei Arten der Abschreibung, zwischen denen Sie sich von Fall zu Fall entscheiden werden. Denn mit dieser Entscheidung beeinflussen Sie den Gewinn – nicht nur, aber besonders stark im ersten Abschreibungsjahr.

Entweder Sie wählen für Ihre Anschaffung die
- Abschreibung in gleich bleibenden Jahresraten (= lineare Abschreibung) oder eine
- Abschreibung in fallenden Jahresraten nach einem gleich bleibenden Prozentsatz des jeweiligen Restwerts (= degressive Abschreibung, steuerlich nur für die Anschaffung zwischen dem 1.1.2020 bis zum 31.12.2021 zulässig) oder
- Sie schreiben nach Leistungseinheiten ab (= leistungsbezogene Abschreibung).

Wie das praktisch geht, dazu im nächsten Kapitel gleich mehr.

Für alle Methoden entscheidend: die Nutzungsdauer
Grundsätzlich sollen die Abschreibungen so bemessen sein, dass die Anschaffungs- oder Herstellungskosten am Ende der betriebsgewöhnlichen Nutzungsdauer bis auf einen Erinnerungswert von 1 EUR oder alternativ bis zu einem nicht unerheblichen Schrottwert voll abgesetzt sind. Dabei müssen Sie die Gesamtnutzungsdauer bereits zu Beginn des Abschreibungszeitraums abschätzen.

Tipp:

Generell ist es ratsam, sich an die Schätzwerte des Finanzamts zu halten – nachzulesen in den amtlichen AfA-Tabellen (im Anhang finden Sie die allgemeine Tabelle, die Sie auch im Internet abrufen können unter www.bundesfinanzministerium.de.

Jedoch kann es betriebsindividuelle Gründe geben, Vermögensgegenstände über einen kürzeren Zeitraum abzuschreiben. Wollen Sie dies tun, müssen Sie objektiv nachprüfbare Gründe angeben.

Beispiel:

Folgende Gründe können einen kürzeren Zeitraum für die Abschreibung rechtfertigen:
- die intensivere Nutzung einer Maschine, die mit einem höheren Verschleiß als bei sonst üblichem Einsatz verbunden ist;
- die außergewöhnlich hohe Beanspruchung eines Pkws und damit der Ansatz von vier statt fünf Jahren;
- die schnelle Veraltung technischer Anlagen, z. B. beim Computer der Ansatz von drei statt vier Jahren u.v.m.

Auch nach dem IAS ist das Abschreibungsvolumen über die Nutzungsdauer planmäßig zu verteilen (IAS 16.41 Property, Plant and Equipment - Depreciation). Danach kommen sowohl die lineare und degressive als auch die Leistungs-AfA in Betracht. Ein Restwert ist ebenfalls nur zu berücksichtigen, wenn er von Bedeutung ist. Die Berücksichtigung von steuerlichen Sonderabschreibungen (s. u.) ist dem System des IAS allerdings fremd.

Außerplanmäßige Abschreibungen

Außerplanmäßige Abschreibungen können sowohl beim Anlagevermögen als auch bei Vorräten und Forderungen aufgrund eines eingetretenen Wertverlusts nötig werden. Eine Sonderstellung nehmen immaterielle Vermögenswerte ein wie z. B. Software, der Firmenwert oder das Disagio.

Sonderabschreibungen und erhöhte Abschreibungen sind rein steuerliche Instrumente. Mit ihnen sollen Investitionen in Gebäude, in den Umweltschutz, innerhalb des Fördergebiets, für kleine und mittlere Betriebe usw. staatlich gefördert werden.

Steuerrechtliche Abschreibungen

Steuerrechtlich gibt es erhöhte Absetzungen, Sonderabschreibungen und Bewertungsfreiheiten. Das sind Abschreibungen, die nicht aus handelsrechtlichen Gründen, sondern deshalb gewährt werden, weil bestimmte Investitionen wirtschafts- oder sozialpolitisch als steuerlich förderungswürdig angesehen werden. Nach den Vorschriften des HGB in der Fassung des BilMoG sind ausschließlich steuerlich begründete Abschreibungen in der Handelsbilanz nicht zulässig. Der Ansatz bereits niedrig abgeschriebener Anlagegüter darf allerdings auch nach 2010 beibehalten werden. Bei zukünftigen steuerlichen Abschreibungen sind jedoch zwei unterschiedliche Anlagenspiegel mit jeweils steuerlichen und handelsrechtlichen Werten zu bilden.

Zu den steuerlichen Abschreibungen gehören:

Sonderabschreibungen zur Förderung von kleinen und mittleren Betrieben

Zusätzlich neben der regulären AfA - linear, degressiv oder Leistungs-AfA - können bis zu insgesamt 20 % der Aufwendungen abgesetzt werden (§ 7g EStG), beliebig verteilt innerhalb von fünf Jahren ab Anschaffung oder Herstellung. Voraussetzungen sind:

- bewegliche Anlagegüter - neu oder gebraucht,
- zwei Jahre Verbleib in einer inländischen Betriebsstätte, in diesem Zeitraum:
- zumindest zu 90 % betriebliche Nutzung oder fremdvermietet,
- die Unternehmen dürfen den Gewinn von 200.000 EUR nicht übersteigen.

Kalkulatorische Abschreibungen

Kalkulatorische Abschreibungen, die sich ausschließlich in der Kostenrechnung auswirken, für den steuerlichen Gewinn jedoch nicht maßgeblich sind, werden an dieser Stelle nicht behandelt.

Die Höhe der Abschreibungen bestimmen

Bei Anschaffung oder Herstellung eines Anlageguts hängt die Höhe der Abschreibungen von der Höhe der Aufwendungen (dem so genannten Abschreibungsvolumen), von der Nutzungsdauer, vom Beginn der Abschreibungen und der Abschreibungsmethode ab.

Die Höhe der Aufwendungen für ein Anlagegut bestimmt sich aus den Anschaffungs- oder Herstellungskosten.

Anschaffungskosten: Was gehört dazu?

Zu den Anschaffungskosten gehören sowohl alle Aufwendungen zum Erwerb des Gegenstands als auch die Kosten, die ihn in einen betriebsbereiten Zustand versetzen. Dazu gehören Nebenkosten wie Fracht und Montagekosten. Auch nachträgliche Kosten fallen darunter, sofern sie dem Anlagegut einzeln zugerechnet werden können; sie müssen allerdings noch in einem sachlichen und einem gewissen zeitlichen Zusammenhang mit der Anschaffung des Vermögensgegenstands stehen.

Dazu gehört das Autoradio des Firmenwagens ebenso wie die Transport- und Montagekosten einer Maschine oder Systemschulung zu einem neuen Computernetzwerk.

Handelt es sich um Reparaturaufwendungen, Aufwendungen zur Verbesserung oder Umbauten, die kurze Zeit nach der Anschaffung eines Gebäudes durchgeführt werden, so ist zu prüfen, ob die Aufwendungen als Herstellungsaufwand zu aktivieren sind.

Die vom Verkäufer in Rechnung gestellte abziehbare Vorsteuer zählt in der Regel nicht zu den Anschaffungskosten. Wenn Sie allerdings nicht zum Vorsteuerabzug berechtigt sind, erhöht die in Rechnung gestellte Umsatzsteuer die Anschaffungskosten (§ 9b EStG).

Tipp:

Sie sollten versuchen, die Anschaffungskosten möglichst gering zu halten. Denn nicht zurechenbare Aufwendungen können Sie - ohne über den Umweg der Abschreibung - noch im gleichen Jahr direkt als Aufwand geltend machen.

Nachträgliche Rabatte, Skonti und Zuschüsse müssen Sie von den Anschaffungskosten abziehen. Damit wird das Abschreibungsvolumen zwar verringert. Dennoch ist es vorteilhafter, die Minderung über die Nutzungsdauer verteilt zu besteuern, als zu 100 % im Jahr der Anschaffung.

Was, wenn Sie eine Firma gründen und Ihren Privat-Pkw als Firmenwagen einbringen wollen? Ist das Anlagegut weniger als drei Jahre alt, müssen Sie die ursprünglichen Anschaffungs- oder Herstellungskosten um die (fiktiven) Abschreibungen kürzen, die auf den Zeitraum zwischen Anschaffung oder Herstellung des Anlageguts und der Einlage entfallen (§ 6 Abs. 1 Nr. 5 Satz 2 EStG). Das bedeutet andererseits für mehr als drei Jahre alte Anlagegüter einen größeren Bewertungsspielraum - gewöhnlich nach oben. So dürfte z.B. ein abgeschriebenes sechs Jahre altes Auto noch einen Marktwert darstellen.

Was zählt zu den Herstellungskosten?

Angemessene Aufwendungen für soziale Einrichtungen des Betriebs, für freiwillige soziale Leistungen und für die betriebliche Altersversorgung einbezogen werden, soweit diese auf den Zeitraum der Herstellung entfallen. Forschungs- und Vertriebskosten dürfen nicht einbezogen werden.
Dazu gehören - erfreulicherweise einheitlich nach Handels- und Steuerrecht - die Materialkosten, die Fertigungskosten und die Sonderkosten der Fertigung sowie angemessene Teile der Materialgemeinkosten, der Fertigungsgemeinkosten und der Abschreibung, soweit diese durch die Fertigung entfällt.

Tipp:

Auch hier empfiehlt es sich, möglichst wenig dem neu geschaffenen Anlagegut zuzurechnen und so viel wie möglich gleich auf den entsprechenden Aufwandskonten zu verbuchen.

Zinsen für Fremdkapital, das zur Finanzierung der Herstellung eines Vermögensgegenstands verwendet wird, dürfen angesetzt werden, soweit sie auf den Zeitraum der Herstellung entfallen. Seit 2016 sind diese Zinsanteile für jeden Posten gesondert entweder im Anlagenspiegel auszuweisen oder an anderer Stelle, z.B. dem Anhang.

Auch nach IAS 23.7 Borrowing Costs gibt es ein Wahlrecht bei der Einbeziehung von Fremdkapitalzinsen. Für allgemeine Verwaltungskosten wie auch freiwilliger Sozialkosten und Kosten sozialer Einrichtungen besteht nach IAS 2.16c ein Ansatzverbot. Ansonsten ist der Ansatz oder Direktabzug weiterer Gemeinkosten nicht ausdrücklich geregelt.

Nach allen drei Rechnungslegungsvorschriften dürfen weder Forschungskosten noch Vertriebskosten in die Herstellungskosten einfließen.

Wie schätzen Sie die Nutzungsdauer?

Bei der Einschätzung der Nutzungsdauer, aufgrund derer sich der Abschreibungszeitraum ergibt, wird auf die wirtschaftliche - nicht die technische - Nutzung abgestellt. Häufig sind in der Praxis deshalb bereits abgeschriebene Objekte immer noch voll verwendungsfähig.

Tipp:

Versuchen Sie zu begründen, dass der Gegenstand wirtschaftlich möglichst schnell als verbraucht gilt, denn: Je kürzer die Nutzungsdauer, desto höher die Abschreibungen.

Maßgeblich für die Schätzung der betriebsgewöhnlichen Nutzungsdauer sind die amtlichen AfA-Tabellen des Bundesfinanzministeriums.

Hierbei haben die 100 spezifischen Branchentabellen Vorrang zu der Tabelle für "Allgemein verwendbare Anlagegüter"(im Anhang abgedruckt). Die weiteren 100 Branchentabellen finden Sie hier:
http://www.richtigkontieren.de/anlag/afatab.htm

Bei gebrauchten Gegenständen kann von einer durch den Vorgänger verminderten Restnutzungsdauer lt. AfA-Tabelle ausgegangen werden.

Wenn der von Ihnen zusammen mit dem Jahresabschluss eingereichte Inventarbogen nicht beanstandet wird, gilt die dem Finanzamt bekannt gemachte Nutzungsdauer als anerkannt und kann nicht im Nachhinein geändert werden.

Beispiel

Sie legen Ihren drei Jahre alten Privat-Pkw in das Betriebsvermögen ein. Die betriebsgewöhnliche Nutzungsdauer beträgt sechs Jahre. Es ist üblicherweise vor dem Finanzamt darstellbar, diesen Wagen innerhalb von drei bis vier weiteren Jahren abzuschreiben (also für das Jahr der Einlegung ggf. ein zusätzliches Jahr Nutzungsdauer ansetzen).

Bei der Einschätzung sollten Sie prüfen, ob besondere technische Eigenschaften oder Mängel den Ansatz einer typischerweise kürzeren Nutzungsdauer rechtfertigen können. Ist die Anlage besonderen Umwelteinflüssen ausgesetzt wie Nässe, Hitze, Licht, Abgasen, Chemikalien etc.? Auch absehbare technische oder wirtschaftliche Überalterung (Computer drei Jahre, Telefonanlage fünf Jahre) und schließlich eine gute Ertragslage des Unternehmens können ein Grund sein, ältere Anlagen früher als branchenüblich zu ersetzen und die Nutzungsdauer kürzer als üblich anzusetzen.

Beispiele

Planen Sie eine Anlage stärker zu beanspruchen, kann die AfA folgendermaßen erhöht werden: Bei Zweischichtbetrieb um 25 % bzw. um 33 1/3 % bei Dreischichtbetrieb. Bei einem Firmenwagen mit ungewöhnlich hoher Kilometerleistung, z. B. von Außendienstmitarbeitern, bei Taxis oder selbständigen Versicherungsvertretern u. a. können Sie von fünf anstatt sechs Jahren betriebsgewöhnlicher Nutzungsdauer ausgehen.

Besteht bei der Anschaffung von neuen Wirtschaftsgütern ein Nutzungszusammenhang mit älteren Anlagegütern? Wenn dadurch kein neues Wirtschaftsgut entsteht, werden die nachträglichen Anschaffungskosten zum letzten Buchwert hinzugerechnet. Der neue Wert muss nun auf die eventuell neu abzuschätzende Restnutzungsdauer abgeschrieben werden.

Beispiel

Sie haben einen drei Jahre alten Server (Buchwert 2.000 EUR), der auf fünf Jahre linear abgeschrieben wird. Dieser soll gegen Ende des Jahres 03 um eine Festplatte und weiterer Arbeitsspeicher zum Preis von 1.000 EUR erweitert werden. Dadurch soll der im nächsten Jahr geplante Ersatz des Rechners um ein Jahr verschoben werden. Daher wird an der ursprünglichen Nutzungsdauer festgehalten.

Die Buchung sieht dann bei Anschaffung und Einbau der Festplatte folgendermaßen aus:

Betriebsausstattung	1.000 EUR
an Bank	1.000 EUR

Zum Jahresabschluss verteilen Sie den neuen Buchwert von 3.000 EUR auf zwei Jahre (die restliche Nutzungsdauer):

AfA auf Sachanlagen	1.500 EUR
an Betriebsausstattung	1.500 EUR

Beachten Sie, dass aus Vereinfachungsgründen die nachträglichen Kosten in den Folgejahren so berücksichtigt werden, als seien sie bereits zu Beginn des Jahres entstanden. Bei der im Beispiel beschriebenen Aufrüstung eines Servers kann es sich auch um Modernisierungsaufwand handeln, den Sie sofort als Betriebsausgabe absetzen. Beispiele zur Abgrenzung von Herstellungsaufwand / nachträgliche Anschaffungskosten und Erhaltungs / Modernisierungsaufwand finden Sie später behandelt.

Wann beginnen Sie mit den Abschreibungen?

Jeweils gegen Ende eines Jahres setzt in Deutschland eine hektische Betriebsamkeit ein, um »noch Abschreibungen zu bekommen«. Um Steuern zu sparen, werden Investitionen vorgezogen, die sich aber im Nachhinein nicht selten als unnötig herausstellen. Der Bestellboom wird aus steuerlichen Gründen angeheizt:

Alte Gewohnheit: die Halbjahres-Regel
Im Jahr der Anschaffung konnten Sie bei beweglichen Wirtschaftsgütern eine Vereinfachungsregelung anwenden: Für die in der ersten Hälfte des Jahres angeschafften oder hergestellten Gegenstände durfte die gesamte Jahresabschreibung, für die in der zweiten Hälfte angeschafften die halbe Jahres-AfA angesetzt werden. Diese Vereinfachungsregelung wurde in 2004 abgeschafft.

Die Abschreibungen bemessen sich in der Regel an der Anzahl der Monate der betrieblichen Nutzung. Wird z. B. ein Firmenwagen im Monat April verkauft, so beträgt die auf ihn entfallene AfA 4/12 der jährlichen Abschreibungen. Es wird hierbei auf volle Monate aufgerundet.

Für den Abschreibungsbeginn ist normalerweise das Rechnungsdatum auf dem Buchungsbeleg ausschlaggebend. Bedenken Sie aber: Abgerechnet wird in der Regel erst, wenn die Leistung erbracht ist bzw. der Gegenstand ausgeliefert wurde. Aus Gefälligkeit rückdatierte Rechnungen sind im Zweifelsfall nicht verwertbar. Entscheidend für die Anschaffung ist der Zeitpunkt, ab dem Sie das Wirtschaftsgut bestimmungsgemäß nutzen können.

Beispiel
Bei den Eilkäufen von Firmenwagen zum Jahreswechsel ist ein Abschreibungsbeginn noch im alten Jahr nur dann sichergestellt, wenn das Fahrzeug frisch angemeldet und fahrbereit bereits am 31.12. auf Ihrem Hof steht.

Wählen Sie die optimale Abschreibungsmethode

Mit der Wahl der günstigsten Abschreibungsart haben Sie schließlich in der Hand, noch mehr an Abschreibung herauszuholen. Wie bereits erwähnt, kommen bei abnutzbaren, beweglichen Anlagegütern die lineare, die degressive und die Abschreibung nach Leistungssätzen in Frage.

1. Bei der linearen AfA verteilen Sie die Anschaffungs-/ Herstellungskosten über die Nutzungsdauer in jährlich gleich hohen Abschreibungsbeträgen.

2. Bei der degressiven (= fallenden) AfA sinken die Abschreibungsbeträge mit jedem Jahr der Nutzung. Von den Anschaffung-/ Herstellungskosten bzw. dem jeweiligen Buchwert in den Folgejahren werden 25 % (maximal das 2,5fache des linearen AfA-Satzes) abgeschrieben. Die degressive AfA-Methode ist nur für Anschaffungen zwischen dem 1.1.2020 und dem 31.12.2021 zulässig.

3. Ob die Leistungs-AfA in Frage kommt, hängt davon ab, ob Sie stark schwankende Leistung oder Laufzeiten durch Zählwerke o. Ä. nachweisen können, und ob die Abschreibung schließlich höher liegen kann als bei den anderen Methoden.

So funktioniert die lineare AfA

Bei der linearen AfA werden die Anschaffungs- oder Herstellungskosten gleichmäßig auf die Jahre der Nutzung verteilt und als Betriebsausgaben abgesetzt. Die lineare Abschreibung entspricht dann der Wertänderung pro Periode, als ob eine völlig gleichmäßige Verschleißabnutzung des Vermögensgegenstandes von Anfang bis Ende der Nutzungsdauer erfolgen würde.

Bei Kraftfahrzeugen, die zum Zeitpunkt der Anschaffung nicht neu waren, ist die entsprechende Restnutzungsdauer zugrunde zu legen.

Beispiel

Im Juli 2020 wird ein Pkw für 36.000 EUR angeschafft, der erstmals im März 2017 zugelassen und damit auch betriebsbereit war. Die betriebsgewöhnliche Nutzungsdauer beträgt sechs Jahre.
Der Pkw kann auf eine dreijährige Restnutzungsdauer abgeschrieben werden:
36.000 EUR/3 = 12.000 EUR.

Anschaffung Juli 2020	36.000 EUR
6 von 12 Monate AfA 20	6.000 EUR
Buchwert 31.12.2020	30.000 EUR

Degressive AfA
Bei den degressiven Abschreibungsverfahren werden die Anschaffungs- oder Herstellungskosten eines Anlagegutes mittels sinkender Abschreibungsbeträge auf die Nutzungsdauer verteilt. In den ersten Jahren der Nutzung sinkt der Buchwert stärker als gegen Ende der Nutzungsdauer. Für diese Vorgehensweise spricht die Beachtung des Vorsichtsprinzips bei der Bilanzierung.
In der Steuerbilanz ist der steuerliche Bewertungsvorbehalt (§ 5 Abs. 6 EStG) zu beachten. Die degressive Abschreibung ist steuerrechtlich der Höhe nach begrenzt. Nur bewegliche abnutzbare Anlagegegenstände dürfen degressiv abgeschrieben werden.

Bei beweglichen Anlagegütern mit einer betriebsgewöhnlichen Nutzungsdauer von bis zu vier Jahren liefert die lineare AfA die höchsten Abschreibungssätze.
Praxis-Beispiel
Am 28.04.20 wird ein neues Notebook zum Preis von 3.600 EUR angeschafft. Die betriebsgewöhnliche Nutzungsdauer beträgt wegen des rasanten technischen Fortschritts nur drei Jahre.

	25% degr. AfA		lineare AfA über 3 Jahre
Anschaffung 28.04.20	3.600 EUR		3.600 EUR
AfA 01 9 Mon. Jahres-AfA	- 600 EUR	<	- 900 EUR
Buchwert 31.12.20	3.000 EUR	>	2 700 EUR

Erst ab vier Jahren Nutzungsdauer empfiehlt sich die degressive AfA von 25% des jeweiligen (Rest-)Buchwerts. Ein Methodenwechsel von der degressiven zur linearen AfA ist zulässig und zweckmäßig, sobald die linear über die Restlaufzeit verteilte AfA die degressiven Raten übersteigen.

Praxis-Beispiel

Am 28.01.20 steht der neue Firmenwagen vor Ihrer Tür (Preis: 60.000 EUR). Die betriebsgewöhnliche Nutzungsdauer beträgt lt. AfA-Tabelle sechs Jahre.

	25% degr. AfA		lineare AfA über 6 Jahre
Anschaffung 28.01.20	60.000 EUR		60.000 EUR
AfA 20 volle Jahres-AfA	15.000 EUR	>	10 .000 EUR
Buchwert 31.12.20	45.000 EUR		

Im Folgejahr beträgt die degressive AfA 25% vom Restbuchwert 45.000 EUR größer als die lineare AfA über die verbleibenden fünf Jahre

	25% degr. AfA		lineare AfA über 5 Jahre
Buchwert 01.01.21	45.000 EUR		45.000 EUR
AfA 21 Jahres-AfA	- 11.250 EUR	>	- 9 .000 EUR
Buchwert 31.12.21	33.750 EUR		

Der Wechsel der Abschreibungsmethode von der degressiven zur linearen AfA findet im dritten Jahr statt.

	25% degr. AfA		lineare AfA über 4 Jahre
Buchwert 01.01.22	33.750 EUR		33.750 EUR
AfA 22 volle Jahres-AfA	- 8.438 EUR	=	- 8.438 EUR
Buchwert 31.12.22			25.312 EUR

Bei Änderung der Abschreibungsmethode von gleichen Anlagegütern im Inventar sollten Sie vorsichtig sein: Wenn Sie z.B. bislang Pkws linear abgeschrieben haben, muss der Methodenwechsel etwa durch falsche Einschätzung der Nutzungsdauer, Änderung in der Nutzung (verschiedene Fahrer, mehr Kilometer, häufige Kurzstrecken u.Ä.) begründet werden. Da die Nutzungsdauer bei Pkws von fünf auf sechs Jahre hinaufgesetzt wurde, ist der Methodenwechsel zur degressiven AfA bei Neuzugängen als Anpassung auch aus solchen steuerlichen Gründe zulässig.

Beträgt die Nutzungsdauer mehr als zehn Jahre, so bleibt die degressive AfA auf das Zweifache des linearen Satzes beschränkt, also

bis 10 Jahre auf 20 %,
12 Jahre auf 16 %,
15 Jahre auf 13 %,
20 Jahre auf 10 %,
25 Jahre auf 8 % usw.

Berechnung: 100 geteilt durch Anzahl der Nutzungsjahre mal 2

Praxis-Beispiel
Bei 25 Jahren berechnet sich der maximal zulässige degressive AfA-Satz folgendermaßen: 100 geteilt 25 mal 2 = 8, d.h., es sind maximal 8 % abschreibbar.

Zwar dürfen bei degressiver AfA keine zusätzliche Abschreibungen wegen außergewöhnlicher technischer oder wirtschaftlicher Abnutzung vorgenommen werden. Wenn Sie aber vorher zur linearen AfA übergehen, können Sie außerplanmäßige Abschreibungen doch noch geltend machen.

So schreiben Sie ab bei der leistungsmäßigen AfA

Die Abschreibung nach Maßgabe der Leistung kommt dann in Betracht, wenn die Abschreibungsursachen in der Inanspruchnahme des Gegenstands begründet liegen, also weitgehend zeitunabhängig sind. Bei diesem Verfahren dürfen Sie also nicht die Nutzungsdauer, sondern müssen die mögliche Leistungs- bzw. Nutzungsabgabe schätzen, z. B. zu fahrende Kilometer, Maschinenstunden oder zu produzierende Stücke. Die Anschaffungs- oder Herstellungskosten werden dann entsprechend der jährlichen Leistungsabgabe auf die einzelnen Nutzungsjahre verteilt.

Dieses Verfahren ist auch steuerlich zugelassen, wenn es wirtschaftlich begründet ist, d. h.

- wenn die Leistungen des Wirtschaftsguts in der Regel erheblich schwanken und der Verschleiß dementsprechend wesentliche Unterschiede aufweist und
- wenn der pro Jahr anfallende Umfang der Leistung nachgewiesen werden kann, z. B. durch ein Zählwerk.

Beispiel				
Die Sonnenschein KG, Produzentin natürlicher Sonnencremes, schafft einen Lkw für 90.000 EUR an. Da ihre Produktion naturgemäß starken saisonalen und klimabedingten Schwankungen unterliegt, soll der Lkw leistungsbezogen abgesetzt werden. Die Fahrleistung wird auf 300.000 km geschätzt. Der Abschreibungssatz berechnet sich auf diese Leistung bezogen wie folgt: 90.000 EUR : 300.000 km = 0,30 EUR/km Und so sieht die Abschreibung aus:				
Jahr	Buchwert alt	gefahrene km	Abschreibungsbetrag	Buchwert neu
1	90.000	60.000	18.000	72.000
2	72.000	90.000	27.000	45.000
3	45.000	75.000	22.500	22.500
4	22.500	75.000	22.500	0

Zusammenfassung

Den Wertverlust (Werteverzehr) von abnutzbaren Anlagegütern berücksichtigen Sie als Aufwand mit Abschreibungen, indem Sie die Anschaffungs- oder Herstellungskosten über die Nutzungsdauer verteilen (Absetzung für Abnutzung = AfA). Durch einen niedrigen oder hohen Ansatz von Abschreibungen können Sie Ihren Jahresgewinn und somit auch Ihre Steuerlast beeinflussen.

Der Zeitraum der Abschreibungen bemisst sich entsprechend den amtlichen AfA-Tabellen nach der Gesamtnutzungsdauer Ihres Anlageguts (die sich etwa bei einem Pkw auf sechs Jahre beläuft), wobei nach Ablauf der Nutzungsjahre die Anschaffungs- oder Herstellungskosten üblicherweise bis auf einen Erinnerungswert von 1 EUR abgeschrieben sind.

Als Methoden planmäßiger Abschreibung können Sie wählen zwischen:
- der linearen AfA: in gleich bleibenden Jahresraten;
- der Leistungs-AfA: nach Leistungseinheiten.

Außerdem können Sie bei unvorhergesehener Wertminderung des Anlageguts außerplanmäßig abschreiben.

So schreiben Sie einzelne Anlagegüter ab

Im nachfolgenden Kapitel finden Sie...

sämtliche Anlagegüter nach der Gliederung des § 266 Abs. 2 HGB behandelt. Sie können zu jedem Vermögensgegenstand die betreffenden Bewertungskriterien und Abschreibungsregeln schnell nachschlagen.

Da sie für den Praktiker immer wichtiger werden, erfahren Sie auch, was die entsprechenden Abschnitte der International Accounting Standards (IAS) zu den einzelnen Anlagegütern vorschreiben

Anlagegüter - Gliederung nach HGB

Die folgende Bilanzgliederung ist nur für Kapitalgesellschaften wie GmbH und AG bindend, wobei kleine Kapitalgesellschaften (§ 267 Abs. 1 HGB) nur eine verkürzte Bilanz aufzustellen brauchen, in die nur die mit Buchstaben und römischen Zahlen bezeichneten Posten aufgenommen sind. Zur Vergleichbarkeit der Jahresabschlüsse wird diese Gliederung gleichwohl auch von Personengesellschaften und Einzelunternehmern beachtet.

Bilanz (Ausschnitt)
A.Anlagevermögen:

I. Immaterielle Vermögensgegenstände

1. Selbst geschaffene gewerbliche Schutzrechte und ähnliche Rechte und Werte
2. entgeltlich erworbene Konzessionen, gewerbliche Schutzrechte und ähnliche Rechte und Werte sowie Lizenzen an solchen Rechten und Werten
3. Geschäfts- oder Firmenwert
4. Geleistete Anzahlungen

II. Sachanlagen:

1. Grundstücke, grundstücksgleiche Rechte und Bauten einschließlich Bauten auf fremden Grundstücken
2. technische Anlagen und Maschinen
3. andere Anlagen, Betriebs- und Geschäftsausstattung
4. geleistete Anzahlungen und Anlagen im Bau

III. Finanzanlagen:

1. Anteile an verbundenen Unternehmen
2. Ausleihungen an verbundene Unternehmen

3. Beteiligungen
4. Ausleihungen an Unternehmen, mit denen ein Beteiligungsverhältnis besteht
5. Wertpapiere des Anlagevermögens
sonstige Ausleihungen

Die IAS weisen vier anstelle von drei Anlagekategorien aus:

1. Sachanlagen (Property, Plant, Equipment)
2. Immaterielle Wirtschaftsgüter des Anlagevermögens *(Intangible Assets)*
3. Investive Grundstücke und Bauten *(Investment Properties)*
4. Finanzanlagen *(Financial Assets)*

Bei den *Investment Properties* handelt es sich um Vermögen des Unternehmens, das weder Umlaufvermögen darstellt noch im Produktionsprozess eingesetzt wird (IAS 40). Die Grundstücke und Gebäude werden fremdvermietet oder einfach nur als Vermögensanlagen gehalten. Auf diese Sachanlagen soll nicht weiter eingegangen werden.
Ebenfalls nur kurz erwähnt seien an dieser Stelle die „Aufwendungen zur Ingangsetzung und Erweiterung des Geschäftsbetriebs". Kapitalgesellschaften konnten noch bis zum Jahresabschluss 2009 in ihrer Handelsbilanz diese Aufwendungen aktivieren. Hierbei handelt es sich um angefallene Anlauf- und Organisationsaufwendungen nach Gründung oder Erweiterung der GmbH.
In Höhe dieser Aufwendungen gilt eine Ausschüttungssperre. Steuerlich ist eine solche Bilanzierungshilfe nicht zulässig - weshalb sich diese Verbesserung der Bilanzoptik nur in Ausnahmefällen lohnt.
Auch die IAS 38.57a sieht für jede Art von start-up-costs ein Aktivierungsverbot vor. Das Aktivierungsverbot gilt nicht nur für Gründungskosten, sondern auch für sämtliche Ingangsetzungsaufwendungen, wie z.B. die Personalbeschaffung und Schulung, den Aufbau von Beschaffungs- und Absatzwegen, Organisationsgutachten oder Marktanalysen, Einführungswerbung.

Immaterielle Wirtschaftsgüter abschreiben

Nach Handelsrecht dürfen auch solche immaterielle Wirtschaftsgüter aktiviert werden, die nicht entgeltlich angeschafft wurden.

Hierzu zählen:
- Patente und andere Urheberrechte,
- Verlagsrechte,
- Belieferungsrechte mit nachweislich zeitlicher Begrenzung,

- Software,
- erworbene Markenrechte,
- Gebrauchsmuster,
- Konzessionen,
- gewerbliche Schutzrechte u. Ä.
- sowie der erworbene Firmen- und Praxiswert.

Die Herstellungskosten der von Ihnen selbst geschaffenen immateriellen Wirtschaftsgüter des Anlagevermögens wie Konzessionen, Lizenzen, Markenrechte, Software werden - ohne Umweg über Aktivierung und Abschreibungen - direkt als Aufwand erfasst.

Und wie sehen es die internationalen Rechnungsvorschriften? IAS 38.7 und 38.42 unterscheiden zwischen Entwicklungskosten mit Aktivierungsverbot wie nach HGB und aktivierungspflichtigen Entwicklungsaufwendungen. Die Grenze ist fließend, und manche Entwicklungskosten fallen unter das Abzugsverbot, weil am Projektende das Unternehmen nur an Erfahrung reicher ist. Nach IAS 38.45 muss zur Bestimmung von Entwicklungskosten ein Projekt technisch realisierbar sein, dem Unternehmen intern oder auf dem Markt einen Nutzen verschaffen und drittens mit den verfügbaren Res-sourcen vollendet und genutzt werden können.

Dagegen sind nach Steuerrecht nur solche immateriellen Wirtschaftsgüter, die entgeltlich angeschafft wurden, zu aktivieren und über den Nutzungszeitraum linear abzuschreiben.

Nach Handelsrecht dürfen die Herstellungskosten (Entwicklungsaufwendungen) eines selbst geschaffenen immateriellen Vermögensgegenstands des Anlagevermögens aktiviert werden. Forschungskosten sind dagegen nicht in die Herstellungskosten einzubeziehen. Der neue § 255 Abs. 2a HGB unterscheidet zwischen:

- Entwicklung als Anwendung von Forschungsergebnissen für die Neu- oder Weiterentwicklung von Gütern oder Verfahren
- Forschung im Vorfeld die Suche nach neuen wissenschaftlichen oder technischen Erkenntnissen

Können Forschung und Entwicklung nicht verlässlich voneinander unterschieden werden, ist eine Aktivierung ausgeschlossen.

Oft lässt sich die Nutzungsdauer von selbstgeschaffenen immateriellen Vermögensgegenständen und entgeltlich erworbenen Geschäfts- oder Firmenwerten nicht verlässlich schätzen. Seit 2016 sind deshalb in diesen Fällen die Herstellungskosten über einen Zeitraum von zehn Jahren abzuschreiben. Das Gleiche gilt auch für erworbene Geschäfts- oder Firmenwerte.

Konzessionen, gewerbliche Schutzrechte und ähnliche Rechte und Werte sowie Lizenzen an solchen Rechten und Werten

Hierzu zählen Patente und andere Urheberrechte (höchstens fünf Jahre), Verlagsrechte (drei bis fünf Jahre), Belieferungsrechte (vertragliche Laufzeit) etc. mit nachweislich zeitlicher Begrenzung.

Beispiel
Sie vereinbaren eine Lizenzpauschale von 300.000 EUR. Diese Lizenz besitzt eine Laufzeit von sechs Jahren. Die Lizenzpauschale von 300.000 EUR wird aktiviert und im Verhältnis zu den geplanten Produktionsmengen jährlich abgeschrieben. Für das erste Jahr sind 100.000 Stück von insgesamt 600.000 geplant. Dies entspricht 1/6 der Lizenzgebühr. Abschreib. immat. Wirtschaftsgüter 50.000 EUR an Lizenzen 50.000 EUR

Für die Buchung stehen Ihnen folgende Konten zur Verfügung:

BGA	IKR	SKR03	SKR04	Kontenbezeichnung (SKR)
492	651	4822	6200	Abschreibung immaterieller WG
011	02	0010	0100	Konzessionen und gewerbl. Schutzrechte
011	021	0015	0110	Konzessionen
011	022	0020	0120	Gewerbliche Schutzrechte
011	023	0025	0130	Ähnliche Rechte und Werte
011	024	0030	0140	Lizenzen an gewerblichen Schutzrechten
011	025	43	143	Selbstgeschaffene immaterielle Wirtschaftsgüter
011	027	45	145	Selbstgeschaffene Lizenzen und Franchise
011	028	46	146	Selbstgeschaffene Konzessionen und gewerbl. Schutzrechte
011	029	47	147	Selbstgeschaffene Rezepte, Verfahren, Prototypen

Außerplanmäßig können abgeschrieben werden:

- ein Abonnentenstamm bei überdurchschnittlichen Kündigungen,
- Nutzungsrechte bei Einschränkungen oder vorzeitiger Aufgabe,
- Lizenzen bei unerwartet niedrigem Absatz und in den Fällen, in denen Computerprogramme nicht mehr sinnvoll genutzt werden können.

Auch Franchiselizenzen aktivieren Sie unter „Konzessionen, Schutzrechte und ähnliche Rechte“ und schreiben Sie über die Vertragsdauer ab.

Beispiel

Zum 1. August wird Jungunternehmer Felix frischgebackener Franchisenehmer der Auto-Waschanlagenkette „Happy-Wash“. Die Einstiegsgebühr von 20.000 EUR zahlt er bei Unterzeichnung des Franchisevertrags per Scheck.

Franchiselizenz	20.000 EUR
Vorsteuer	3.800 EUR
An Bank	23.800 EUR

Dieses Nutzungsrecht ist auf die gesamte Laufzeit des Franchisevertrages zu verteilen. Der Vertrag mit Happy-Wash ist zunächst auf 36 Monate abgeschlossen und verlängert sich um jeweils ein weiteres Jahr, wenn er nicht von einer Seite gekündigt wird. Unternehmer Felix muss deshalb die Einstiegsgebühr auf drei Jahre linear abschreiben. Im ersten Jahr sind fünf Monate zu berücksichtigen. Die Abschreibung der Franchiselizenz im 1. Jahr beträgt 5/36 von 20.000 EUR = 2.778 EUR

Abschreibung immaterieller Wirtschaftsgüter	2.778 EUR
an Franchiselizenz	2.778 EUR

So schreiben Sie Software ab

Computerprogramme sind immaterielle Wirtschaftsgüter, deren Anschaffungskosten in der Bilanz aktiviert werden müssen, wenn die Programme entgeltlich erworben sind. Etwas anderes gilt, wenn die Computerprogramme selbst hergestellt wurden. In diesem Fall können Sie sämtliche Entwicklungskosten sofort als Betriebsausgabe abziehen. Eine lineare AfA ist auf drei Jahre möglich.

Tipp:

Programme unter 800 EUR Anschaffungskosten können Sie als sog. Trivialprogramme sofort abschreiben..

Als Konten stehen Ihnen zur Verfügung:

BGA	IKR	SKR03	SKR04	Kontenbezeichnung (SKR)
014	023	0027	0135	EDV-Software

Beispiel

Die Werbefirma Stalea Active gestaltet u. a. den Internetauftritt ihrer Kunden. Für ihre eigene Homepage sind durch eigenes Personal 150 Stunden mit einem Verrechnungssatz von 80 EUR aufgewendet und fremde Programmierarbeit mit 2.000 EUR bezahlt worden.

Die Fremdkosten fallen bei den gesamten Herstellungskosten am neu geschaffenen immateriellen Wirtschaftsgut nicht ins Gewicht. In der Buchhaltung sind somit zusätzlich zu den regulären Personalkosten lediglich Fremdarbeiten mit 2.000 EUR zu erfassen.

Fremdkosten	2.000,00 EUR
An Bank	2.000,00 EUR

Wenn Stalea Active für seine Homepage stattdessen einen freien Mitarbeiter 150 Stunden zum gleichen Stundensatz von 80 EUR einsetzt können sämtliche Kosten umgebucht und als erworbenes immaterielles Wirtschaftsgut aktiviert werden. (Beachten Sie Zusatzkosten von Künstlersozialabgaben).

Fremdkosten	14.000,00 EUR
An Bank	14.000,00 EUR
Software	14.000,00 EUR
an Fremdkosten	14.000,00 EUR

Achtung
Beim gewerblichen Software-Hersteller kann das Aktivierungsverbot in Perioden ohne nennenswerte Umsatzerlöse gerade in Zeiten erhöhten Kapitalbedarfs zu einem - zumindest steuerlich - ungünstigen Bilanzbild führen.

Zur Software im Anlagevermögen zählen ...

- Softwarewerkzeuge (Tools oder Arbeitsprogramme) zum internen Gebrauch,
- nicht auftragsbezogene Entwicklungsaufwendungen als Grundlagenforschung für spätere Projekte,

- Anwendungssoftware, die ohne einen Auftrag entwickelt wurde und vermarktet werden soll.

Eine erworbene Domain-Adresse (www.domain.de) stellt zwar ein immaterielles, mit den aufgewendeten Anschaffungskosten aktivierbares Wirtschaftsgut dar. Es unterliegt jedoch keinem Wertverzehr, d. h., es kann nicht abgeschrieben werden (BFH Urteil vom 19.10.2006 - III R 6/05). Erst beim Verkauf sind die Anschaffungskosten gewinnmidernd zu berücksichtigen.

Sonderfall Anwendungssoftware

Ein Problem, das sich für den Hersteller von Anwendungssoftware zeigt: Während die hohen Entwicklungskosten fast ausschließlich dem Originalprogramm zuzurechnen sind, gelangen nur Programmkopien in den Vertrieb. Der Wert des Umlaufvermögens „Software" beschränkt sich somit auf die geringen Materialkosten für CD. Der Anwender der Software erlangt lediglich ein Nutzungsrecht, da die ursprünglichen Rechte beim Hersteller bleiben.

Diese Einschätzung ist jedoch sehr umstritten, wie der Vergleich mit Büchern oder Tonträgern/Musik-CDs zeigt: Hier erlangt der Käufer das volle Verfügungsrecht über das einzelne Exemplar, während das Manuskript oder Masterband beim Verlag bleibt. Gleichwohl gehören die vorrätigen einzelnen Exemplare am Bilanzstichtag unstrittig zum Umlaufvermögen des Verlags.

Anders als bei Büchern oder Tonträgern gibt es also bei Software keine untrennbare Verbindung zwischen körperlichem Gegenstand und dessen geistigen Inhalt. Software kann von Disketten auf die Festplatte installiert oder sogar ohne Datenträger per DFÜ überspielt werden.

In der Bilanz des Herstellers kann demnach nur auf dessen wirtschaftliche Betrachtung des Ursprungsprogramms abgestellt werden. Eine mehrfache Veräußerung derselben Software in Form von Kopien spricht aber eher dafür, dass bei ihrem Verbleiben im Betriebsvermögen allenfalls die Kopien mit den Vervielfältigungskosten und dem Materialwert (Diskette o. Ä.) Umlaufvermögen darstellen können.

Eine Ausnahme besteht allenfalls in der Herstellung einer als materiell qualifizierten Datensammlung ohne Programmstruktur wie z. B. Schriftarten mit Buchstaben und Zahlen. Wenn diese Software mehrfach veräußert werden soll, käme hier eine Aktivierung im Anlagevermögen in Frage, da sie somit zum dauernden Verbleib im Geschäftsbetrieb dienen.

Den Geschäfts- oder Firmenwert abschreiben

Der erworbene Geschäfts- oder Firmenwert ist nach Steuerrecht grundsätzlich in 15 Jahren linear abzuschreiben, nach Handelsrecht bis Erwerb 2015 in fünf Jahren, danach in 10 Jahren, und zwar auf folgenden Konten:

BGA	IKR	SKR03	SKR04	Kontenbezeichnung (SKR)
012	031	0035	0150	Geschäfts- oder Firmenwert
012	032	0040	0160	Verschmelzungsmehrwert
4921	6512	4824	6205	Abschreibung Geschäfts- oder Firmenwert

Diese Vorgabe ist schlecht mit unserem Bemühen um hohe Abschreibungen vereinbar. Es lohnt fast immer zu unterscheiden zwischen

- im Firmenwert enthaltenen, unselbstständigen, geschäftswertbildenden Faktoren und
- weiteren immateriellen und ggf. sogar materiellen Einzelwirtschaftsgütern.

Letztere, wenn wir sie denn entdecken, dürfen weitaus schneller abgeschrieben werden. Die IAS 22 regeln sowohl einen positiven als auch einen negativen Firmenwert (Goodwill und Badwill).

Aktivierungspflicht besteht lediglich für den Goodwill, wobei ein widerlegbarer Abschreibungszeitraum von 20 Jahren vorgesehen ist. Eine längere Abschreibungsdauer ist in den Notes zu erläutern. Eine Möglichkeit schneller abzuschreiben, kann durch die Instabilität der Branche oder der besonderen Wettbewerbssituation gegeben sein (IAS 22.48). Ein Badwill (IAS 22.59ff.) entsteht durch einen Abschlag auf den Ertragswert eines verkauften Unternehmens. Dieses kann z. B. in der Übernahme von Risiken begründet sein, die zwar keine Rückstellung rechtfertigt, gleichwohl bei Kaufpreis berücksichtigt wurde. Fallen die Risiken definitiv in der Folgezeit fort, so ist der Badwill gewinnerhöhend aufzulösen.

Praxiswert abschreiben

Für den Praxiswert eines freiberuflichen Unternehmens gilt eine günstigere Rechtsauffassung. Dieser Wert beruht im Wesentlichen auf dem besonderen Vertrauen der Mandanten bzw. Patienten in die Tüchtigkeit des Praxisinhabers. Bei einem Inhaberwechsel verflüchtigt er sich demnach recht schnell, weshalb der Praxiswert in zwei bis fünf Jahren nach dem Erwerb abgeschrieben werden kann.

Tipp:

Wenn der frühere Inhaber weiterhin mitarbeitet, sollte der Grad der Mandantenabwanderung noch sorgfältiger geprüft werden. In jedem Fall können die 15 Jahre Abschreibungszeitraum für den Geschäfts- oder Firmenwert deutlich unterschritten werden.

Wettbewerbsverbote abschreiben

Ein zeitlich begrenztes Wettbewerbsverbot kann über den betreffenden Zeitraum abgeschrieben werden, wenn es sich um eine wesentliche Grundlage der Geschäftsübernahme handelt. Bei Tod des Vertragspartners wird sofort abgeschrieben.

Fortführung des Firmennamens, Kundenstamm, Kundenkartei

Die Fortführung des Firmennamens, der Kundenstamm, günstige Einkaufsmöglichkeiten etc. werden zwar in der Theorie als unselbstständige Teile des Geschäftswertes abgehandelt. In der Praxis aber geht hin und wieder eine vierjährige Abschreibung des Kundenstamms oder der Lieferantenbeziehungen durch die Steuerprüfung. So wird die Kundenkartei Adresse für Adresse für einen Stückpreis verkauft.

Tipp:

Lassen Sie also im Kaufvertrag keinen Zweifel an der Ernsthaftigkeit, dass genau dieser Vermögenswert übereignet werden soll.

Außerplanmäßige Abschreibungen

Wenn Gewinn und Umsatz nach einer Geschäftsübernahme während eines längeren Zeitraums zurückgehen, können Sie auch den Geschäfts- oder Firmenwert selbst um eine außerplanmäßige Abschreibung reduzieren.

Beispiel

Nach einem halben Jahr bei Happy-Wash fühlt sich Felix nicht mehr gut im Unternehmen aufgehoben. Die Auto-Waschanlagenkette schaltet zu wenig Werbung und unterstützt ihn nicht in seinem Widerstand gegen zusätzliche behördliche Auflagen zum Gewässerschutz. Die Konkurrenzfirma „Clean car“ ist bereit, ihn ohne Einstiegsgebühr und ohne monatliche Werbegebühr aufzunehmen. Mit Happy-Wash vereinbart Felix die Auflösung des Vertrags zu Ende Februar.

Die Franchiselizenz für die abgelaufenen Monate Januar und Februar muss Felix regulär, den Restwert außerplanmäßig abschreiben.

Außerpl. Abschr. immat. Wirtschaftsg.	16.111 EUR
Abschreib. immat. Wirtschaftsg.	1.111 EUR
an Franchiselizenz	17.222 EUR

Für die Buchung steht Ihnen folgendes Konto zur Verfügung:

BGA	**IKR**	**SKR03**	**SKR04**	**Kontenbezeichnung (SKR)**
4929	655	4826	6210	Außerplanmäßige Abschreibung immaterieller VG

Sachanlagen abschreiben

Grundstücke, grundstücksgleiche Rechte und Bauten einschließlich der Bauten auf fremden Grundstücken

Die Anschaffungskosten eines Grundstücks sind auf das darauf stehende Gebäude einerseits und den Grund und Boden andererseits aufzuteilen, wobei nur der Anteil am Gebäude Abschreibungsvolumen für die reguläre AfA bildet.
Dieses Anlagevermögen wird auf dem allgemeinen Konto erfasst:

BGA	IKR	SKR03	SKR04	Kontenbezeichnung (SKR)
021	05	0050	0200	Grundstücke, grundstücksgleiche Rechte und Bauten

Grundstücke, grundstücksgleiche Rechte und Bauten auf eigenen Grundstücken werden auf folgende Konten aufgeteilt. Hierzu gehören auch Erbbaurechte und Dauerwohnrechte. Grundstücke mit Substanzverzehr gibt es im Tagebau, bei Kiesgruben, Steinbrüchen etc.

BGA	IKR	SKR03	SKR04	Kontenbezeichnung (SKR)
022	05	0060	0210	Grundstücke, grundstücksgleiche Rechte
021	050	0065	0215	Unbebaute Grundstücke
022	052	0070	0220	Grundstücksgleiche Rechte
0210	050	0075	0225	Grundstücke mit Substanzverzehr
023	0511	0080	0230	Bauten auf eigenen Grundstücken
021	051	0085	0235	Grundstückswert bebauter Grundstücke
0230	054	0090	0240	Geschäftsbauten
0231	053	0100	0250	Fabrikbauten
0232	055	0115	0260	Andere Bauten
0233	056	0110	0270	Garagen, eigene Grundstücke
0234	0561	0111	0280	Außenanlagen Fabrik und Geschäftsbauten
0211	0561	0112	0285	Hof- und Wegebefestigungen
0235	057	0113	0290	Einrichtung Fabrik- und andere Bauten

Für Wohnbauten sind folgende Konten vorgesehen:

BGA	IKR	SKR03	SKR04	Kontenbezeichnung (SKR)
0236	059	0140	0300	Wohnbauten
0212	0561	0146	0310	Außenanlagen
0213	0561	0112	0315	Hof- und Wegebefestigungen
0237	057	0194	0320	Einrichtungen für Wohnbauten

Bauten auf fremden Grundstücken erfassen Sie auf:

BGA	IKR	SKR03	SKR04	Kontenbezeichnung (SKR)
024	0519	0160	0330	Bauten auf fremden Grundstücken
0241	0539	0165	0340	Geschäftsbauten
0242	0539	0170	0350	Fabrikbauten
0243	0519	0190	0360	Wohnbauten
0244	0519	0179	0370	Andere Bauten
0245	0569	0175	0380	Garagen
0246	0569	0192	0390	Außenanlagen
0247	0569	0315	0395	Hof- und Wegebefestigungen, fremde Grundstücke
0248	0569	0178	0398	Einrichtung Fabrik- und Geschäftsbauten

Wie Sie Anschaffungskosten aufteilen

Bei bebauten Grundstücken sind die Anschaffungskosten zu trennen in:

- Kosten für den Grund und Boden, und
- Kosten für das aufstehende Gebäude.

Deshalb müssen Sie gegebenenfalls aus einem Gesamtkaufpreis und den Nebenkosten (Notargebühren, Maklerprovision, Grunderwerbsteuer usw.) den auf den Grund und Boden entfallenden Teil herausrechnen. Straßenanliegerbeiträge, Erschließungskosten, Kosten der Versorgungsanschlüsse und Erstanschlüsse für Abwasserkanal, Ansiedlungsbeiträge, Zuschüsse für den Ausbau einer Ortsstraße oder Schaffung einer Fußgängerzone u. Ä. betreffen nur den Grund und Boden und bleiben für die Abschreibung außen vor.

> Tipp:
>
> *Einen günstigen Quadratmeterpreis für den erworbenen Grund und Boden sollten Sie auch im Kaufvertrag für das Finanzamt nachlesbar festhalten. Liegen die Bodenpreise ortsüblich niedriger als Sie mit dem Verkäufer aushandeln konnten, sollten Sie den Grund und Boden nicht innerhalb des Kaufvertrags aufschlüsseln, sondern außerhalb in einer separaten Berechnung.*

Wenn Sie Ihren Grund und Boden nicht uneingeschränkt nutzen können, kann der ortsübliche Preis nochmals um eventuelle Abschläge gekürzt werden, etwa wegen Hanglage, Beeinträchtigung durch Lärm und anderer ungewöhnlicher Immissionen.

Bei den Anschaffungs- oder Herstellungskosten des Gebäudes sollten Sie darauf achten, dass Sie nur die tatsächlich aktivierungspflichtigen Aufwendungen zurechnen und andere anfallende Kosten als Aufwand buchen.
So gehören nicht zu den Herstellungskosten eines Betriebsgebäudes:

- Finanzierungskosten,
- der Wert der eigenen Arbeitsleistung,
- die Bauwesenversicherung für die Zeit der Baumaßnahme,
- Anschlusskosten an eine bestehende Kanalisation sowie Ergänzungsbeiträge für Kanalmodernisierung,
- Außenanlagen
- oder Aufwendungen für Außenanlagen wie Hofbefestigungen, Grünanlagen, Umzäunungen, Zufahrten u. Ä.

Diese Kosten werden gesondert aktiviert und in der Regel schneller abgeschrieben.

Lineare Abschreibung bei Gebäuden

Die lineare AfA beträgt bei Gebäuden im Betriebsvermögen, die nicht zu Wohnzwecken dienen

- 4 % bei Antrag auf Baugenehmigung nach 31.3.1985,
- 3 % bei Bauantrag oder Kaufvertrag nach dem 31.12.2000.

Bei sonstigen Gebäuden,

- die älter sind als 1925: 2,5 %,
- die ab dem 1.1.1925 erbaut wurden: 2,0 %.

Beträgt die tatsächliche Nutzungsdauer bei Betriebsgebäuden weniger als 33 Jahre und bei anderen Gebäuden weniger als 40 bzw. 50 Jahre, kann das Gebäude entsprechend höher abgeschrieben werden. Voraussetzung hierfür ist, dass die technischen oder wirtschaftlichen Umstände für eine entsprechend kürzere tatsächliche Nutzungsdauer sprechen.

Lineare Abschreibungen sind im Jahr der Anschaffung/ Herstellung zeitanteilig vorzunehmen, für jeden Monat 1/12 des Jahresbetrages.

Außerplanmäßige Abschreibungen beim Grund und Boden

Grund und Boden unterliegen zwar gewöhnlich keiner Abnutzung, können aber durch besondere Ereignisse an Wert verlieren. Gründe für die Abschreibung auf einen nie-drigeren Teilwert können beispielsweise sein:

- Sinken der Grundstückspreise,
- Naturkatastrophen wie z. B. Hochwasser,
- Immissions- und Umweltschäden,
- Änderung der Straßenverkehrsanbindung,
- Fehlentscheidung beim Kauf.

Benötigen Sie z. B. zur Betriebserweiterung ein angrenzendes Grundstück und zahlen dafür einen gegenüber dem Verkehrswert überhöhten Preis, so ist der Ansatz des Teilwerts nicht gerechtfertigt. Eine Fehlentscheidung kann aber dann vorliegen, wenn die Erweiterung wegen der verschlechterten Auftragslage sich zerschlägt und das teure Grundstück nicht wie vorgesehen genutzt werden kann.

Auch das Gebäude kann einen nicht vorhergesehenen Wertverlust erleiden:

- durch Beschädigung, Brand, Abbruch eines Teils wegen Umbau,
- wenn die geplante Nutzung faktisch oder rechtlich eingeschränkt wird, z. B. wenn Hochwasser die Lagerung in Kellerräumen verhindert oder durch einen

nachträglich geänderten Bebauungsplan;

- wenn in der Nachbarschaft ein störendes Bauwerk errichtet wird, z. B. eine Mülldeponie oder ein Flugplatz neben einem Hotel;
- wegen rückläufiger Rentabilität des Betriebs aufgrund der baulichen Anlagen oder der Betrieb deswegen eingestellt wird.

Tipp:

Beachten Sie, dass Sie bei Wegfall des Abschreibungsgrunds gegebenenfalls eine Wertaufholung durchführen müssen.

Mietereinbauten abschreiben

Baumaßnahmen, die der Mieter auf seine Rechnung vornimmt, können Mietereinbauten oder -umbauten sein. Die dafür aufgebrachten Aufwendungen sind vom Mieter entweder zu aktivieren oder sofort als Betriebsausgabe abzuziehen.

Als zu aktivierende Mietereinbauten und Mieterumbauten kommen in Frage:

- Scheinbestandteile
- Betriebsvorrichtungen
- sonstige Mietereinbauten oder Mieterumbauten

Scheinbestandteile

werden nur „zu einem vorübergehenden Zweck" (§ 95 BGB) in das Gebäude eingefügt und weisen auch nach ihrem Ausbau noch einen beachtlichen Wiederverwendungswert auf. Dieser Wert darf durch den Ausbau nicht bis an die Grenze des Schrottwerts zerstört werden.

Ein Scheinbestandteil liegt auch vor, wenn der Mieter verpflichtet ist, bei Auszug den eingebauten Gegenstand wieder zu entfernen. Als "vorübergehender" Zweck gilt nicht, wenn die Nutzungsdauer kürzer ist als die voraussichtliche Mietdauer.

Beispiel:	
Der Mieter baut fünf Jahre vor Ablauf des Mietvertrags die Mieträume nach seinen betrieblichen Zwecken um, indem er mobile Zwischenwände neu einzieht. An einen Aufwandsersatz auch nur eines Teils der Kosten von 21.000 ist im Falle des Auszugs nicht gedacht, im Gegenteil: Der Mieter hat sämtliche baulichen Veränderungen zu entfernen und die Mieträume in den ursprünglichen Zustand zu versetzen. Die Kosten sind als Mietereinbauten (Einbauten in fremde Grundstücke) zu aktivieren und als bewegliches Wirtschaftsgut auf sieben Jahre abzuschreiben.	
Einbauten in fremde Grundstücke	21.000,00 EUR
an Instandhaltung betrieblicher Räume	21.000,00 EUR
Abschreibungen auf sieben Jahre, im 1. und 8. Jahr anteilig auf verbleibende Monate zu verteilen:	
Abschreibung beweglicher Wirtschaftsgüter	3.000,00 EUR
an Einbauten in fremde Grundstücke	3.000,00 EUR

Betriebsvorrichtungen

sind Maschinen und sonstige Vorrichtungen aller Art, die zu einer Betriebsanlage gehören, selbst wenn sie wesentliche Bestandteile eines Grundstücks sind. Sie dienen eben nicht der Gebäudenutzung im Allgemeinen, sondern den besonderen Zwecken des Betriebes. Hierzu zählen z. B.

- Arbeitsbühnen, Bedienungs- und Beschickungsbühnen, Krananlagen, Lastenaufzüge, Transportbänder
- Kühltürme, Kläranlagen, Schornsteine
- Vorrichtungen, Befestigungen oder Fundamente für technische Anlagen und Maschinen

Handelt es sich um Beleuchtungsanlagen, Belüftungsanlagen, Klimageräte, Öfen, Heizungsanlage u.ä. kommt es darauf an, ob sie überwiegend betrieblichen Zwecken dienen oder auch allgemein genutzt werden können.

Scheinbestandteile und **Betriebsvorrichtungen** gelten rechtlich als bewegliche Wirtschaftsgüter, selbst wenn sie fest vermauert sind. Die Abschreibungsdauer entspricht der voraussichtlichen Mietzeit - es sei denn, für diese Gegenstände gilt eine kürzere betriebsgewöhnliche Nutzungsdauer.

Beispiel

Eine gemeinnützige GmbH nimmt in einem angemieteten Wohnhaus für betreute Menschen umfangreiche Umbaumaßnahmen vor. So entstehen aus 3+4 Bett-Zimmer durch zusätzliche Zwischenwände 1+2 Bett-Zimmer mit neuen sanitären Installationen. Waschbecken und Duschkabinen werden behindertengerecht vergrößert und abgesenkt und einige Türen für Rollstühle verbreitert. Die Umbaukosten inklusive der Planungskosten des Innenarchitekten führen zu Herstellungskosten der Betriebsvorrichtung zur Behindertenbetreuung.
Nach Ablauf einer Festmietzeit von 10 Jahren soll sich der Mietvertrag –sofern er nicht fristgerecht gekündigt worden ist– jeweils um fünf Jahre verlängern. Zumindest eine einmalige Verlängerung ist vorgesehen, weshalb die voraussichtliche Mietdauer 15 Jahre beträgt. Bei Auszug müssen laut Mietvertrag sämtliche Umbauten entfernt werden. Die Umbaukosten sind deshalb linear innerhalb dieser 15 Jahre abzusetzen.

Sonstige Mietereinbauten und Mieterumbauten

können Gegenstände sein, die unmittelbar den besonderen betrieblichen oder beruflichen Zwecken des Mieters dienen und mit dem Gebäude nicht in einem einheitlichen Nutzungs- und Funktionszusammenhang stehen.

Beispiele:
Der Mieter schafft durch Entfernen von Zwischenwänden ein Großraumbüro.

Der Mieter entfernt die vorhandenen Zwischenwände und teilt durch neue Zwischenwände den Raum anders ein.

Der Mieter gestaltet das Gebäude so um, dass es für seine besonderen gewerblichen Zwecke nutzbar wird, z. B. Entfernung von Zwischendecken, Einbau eines Tors, das an die Stelle einer Tür tritt.

Der Mieter ersetzt eine vorhandene Treppe durch eine Rolltreppe.

Um sonstige **Mietereinbauten** und **Mieterumbauten** handelt es sich auch, wenn die Bauten im **wirtschaftlichen Eigentum** des Mieters stehen. Danach sind die eingebauten Sachen

- entweder während der voraussichtlichen Mietdauer technisch oder wirtschaftlich verbraucht
- oder der Mieter kann bei Beendigung des Mietvertrages vom Eigentümer mindestens die Erstattung des Zeitwerts verlangen.

Solche Mietereinbauten gelten - im Gegensatz zu den Scheinbestandteilen und den Betriebsvorrichtungen - als unbewegliche Wirtschaftsgüter. Ohne gesonderte vertragliche Vereinbarung mit dem Gebäudeeigentümer unterliegen diese Bauten der regulären Gebäudeabschreibung von maximal 3%.

Ansonsten: Mietereinbau-Kosten sind Renovierungskosten

Wenn weder der Mieter wirtschaftlicher Eigentümer der Einbauten ist noch diese in sachlicher Beziehung zu seinem Betrieb stehen, so dürfen die Aufwendungen nicht aktiviert werden.

Eine unmittelbare sachliche Beziehung zum Betrieb des Mieters liegt nicht vor, wenn diese Baumaßnahmen ohnehin hätten vorgenommen werden müssen, z. B. wenn anstelle des Eigentümers der Mieter eine ohnehin vorgesehene Zentralheizung einbaut.

Anstelle von Mietereinbauten ist von Gerichten Erhaltungs- und Instandhaltungsaufwand anerkannt worden, als ein Mieter u.a. die Fußböden in den gemieteten Räumen erneuern, den Heizkessel reparieren und einen Öltank sowie Ölbrenner installieren ließ. Auch der Einbau von Doppelglasfenstern durch den Mieter stellt eine sofort abzugsfähige Betriebsausgabe dar.

Beispiele:

Nach fünf Jahren Mietzeit lässt der Mieter auf seine Kosten einen neuen Teppichboden verlegen, ohne finanzielle Beteiligung seines Vermieters.

Renovierungskosten	10.000,00 EUR
Vorsteuer	1.190,00 EUR
an Bank	11.900,00 EUR

Sofern Umbaukosten mit Mietzahlungen verrechnet werden können, sind für diesen Teil der Aufwendungen Rechnungsabgrenzungsposten zu bilden.

Es kommt darauf an: Fall "Deckenleuchten"

Beleuchtungsanlagen sind in der Regel Gebäudebestandteile. Wenn eine Deckenbeleuchtung mit dem Gebäude verbunden und damit zu einem Teil des Hauses wird, kann sie nicht mehr als selbständige „bewegliche" Sache betrachtet werden.

Die Lichtbänder zur Ausleuchtung der einzelnen Stockwerke eines Warenhauses sind außerdem keine geringwertigen Wirtschaftsgüter, da sie weder selbständiger Bewertung noch selbständiger Nutzung fähig sind (BFH Urteil vom 05.03.1974 - I R 160/72). Dagegen gelten Halogenstrahlern für die Obst- und Gemüseabteilung eines Lebensmittelsupermarkts als Betriebsvorrichtung, da sie zur Verkaufsförderung die Waren in ein besseres Licht rücken (Thüringer FG Urteil vom 18.07.2001 - III 1155/00)

Beispiel:	
Der Mieter ersetzt mit eigenem Personal die unansehnliche Deckenbeleuchtung durch neue Lichtleisten. Sein Vermieter besteht nicht darauf, dass bei Auszug die ursprüngliche Beleuchtung wieder angebracht werden muss. Im Gegenteil darf der Mieter die Sachkosten mit Mietzahlungen über den Zeitraum von zehn Monaten verrechnen.	
Aktive Rechnungsabgrenzungen	1.628,00 EUR
Vorsteuer	309,30 EUR
an Bank	1.937,30 EUR
Solange der Rechnungsabgrenzungsposten reicht reduziert der Mieter seine Zahlungen um jeweils 1/10 der Anschaffungskosten.	
Miete	1.000,00 EUR
Vorsteuer	190,00 EUR
an Bank	1.027,20 EUR
an Aktive Rechnungsabgrenzungen	162,80 EUR

BGA	IKR	SKR03	SKR04	Kontenbezeichnung (SKR)
0249	080	0450	0680	Einbauten in fremde Grundstücke
091	29	0980	1900	Aktive Rechnungsabgrenzungen
491	654	4830	6220	Abschreibungen auf Sachanlagen
4915	652	7831	6221	Abschreibungen auf Gebäude
4111	670	4210	6310	Miete

Pkw&Co – bewegliches Sachanlagevermögen

Zum beweglichen Sachanlagevermögen gehören technische Anlagen, Maschinen, Fahr-zeuge, Einrichtungen und Geschäftsausstattungen.

Die regulären Abschreibungen werden auf folgendem Konto verbucht:

BGA	IKR	SKR03	SKR04	Kontenbezeichnung (SKR)
491	654	4830	6220	Abschreibungen auf Sachanlagen

Technische Anlagen und Maschinen

Die Anschaffung kann auf folgende Konten gebucht werden:

BGA	IKR	SKR03	SKR04	Kontenbezeichnung (SKR)
031	07	0200	0400	Technische Anlagen und Maschinen
0310	070	0240	0420	Technische Anlagen
0311	071	0210	0440	Maschinen
0313	072	0220	0460	Maschinengebundene Werkzeuge
0320	073	0280	0470	Betriebsvorrichtungen

Andere Anlagen, Betriebs- und Geschäftsausstattung

BGA	IKR	SKR03	SKR04	Kontenbezeichnung (SKR)
033	08	0300	0500	Betriebs- und Geschäftsausstattung
032	080	0310	0510	Andere Anlagen
034	0841	0320	0520	Pkw
034	0842	0350	0540	Lkw
0345	083	0380	0560	Sonstige Transportmittel
0325	082	0440	0620	Werkzeuge
0331	081	0430	0640	Ladeneinrichtung
0332	087	0420	0650	Büroeinrichtung
0326	085	0460	0660	Gerüst- und Schalungsmaterial
033	087	0490	0690	Sonstige Betriebs- u. Geschäftsausstatt.

Geringwertige Wirtschaftsgüter (GWG)

Bewegliche abnutzbare Vermögensgegenstände des Anlage-vermögens können entweder

bis zu bei Nettoanschaffungskosten von zwischen 250 € und 800 € (GWG) sofort im Jahr der Anschaffung unabhängig von ihrer tatsächlichen Nutzungsdauer abgeschrieben werden (Geringwertige Wirtschaftsgüter = GWG). Die einzelnen Wirtschaftsgüter müssen aus der Buchhaltung ersichtlich sein oder in einem separaten Verzeichnis geführt werden.
oder GWG zwischen 250 € und 1.000 € können in einen Sammelposten eingestellt werden, der über fünf Jahre mit jeweils einem Fünftel gewinnmindernd aufzulösen.

Sie können demnach wählen, wie Sie sämtliche GWG innerhalb eines Kalenderjahres einheitlich behandeln wollen:

1. Entweder bis 800 € sofort, darüber hinaus über die Nutzungsdauer abschreiben,
2. oder zwischen 250 € und 1000 € Anschaffungskosten in einem Sammelpool auf 5 Jahre verteilen. In diesem Fall entfällt die Pflicht zur Einzelaufzeichnung, da im Sammelpool keine einzelnen Wirtschaftgüter mehr existieren.

Regelmäßig zum Jahresende versucht der Bundesrat mit Änderungsvorschlägen zu dem jeweiligen Jahressteuergesetz, die GWG-Grenze von 800 € auf 1.000 € anzuheben und damit den bürokratischen Sammelposten abzuschaffen. Vielleicht gelingt es Ende 2021.

Für beide unterschiedlichen GWG Definitionen gelten folgende Kriterien:

- Die Wirtschaftsgüter sind selbstständig nutzungsfähig. So ist z. B. ein Drucker nicht alleine nutzungsfähig, Sie können ihn nur an einem PC betreiben.
- Lösung: Schreiben Sie den Drucker zusammen mit Ihrem ältesten anschließbaren Computer ab, also auch sofort, wenn der PC drei Jahre oder älter ist.
- Das GWG steht in keinem Nutzungszusammenhang mit anderen, technisch aufeinander abgestimmten Anlagegütern.

Flachpaletten, die Erstausstattung eines Betriebes wie Möbel, Wäsche, Geschirr eines Hotels oder Restaurants, wie Werkzeug-Grundausstattung einer Werkstatt, Einrichtungsgegenstände eines Ladens, die Bibliothek eines Rechtsanwalts etc. stehen zwar im Nutzungszusammenhang, aber sind nicht technisch aufeinander abgestimmt und somit sofort abzugsfähige GWG.

Etwas anderes gilt z. B. für Stahlregalteile, die Sie neu kombinieren könnten. Ausschlaggebend ist der Wert des zusammenhängenden Regals am Jahresende. Lichtleisten (Halterungen und Neonleuchten) sind durch die Montage Teile des Gebäudes und nicht mehr selbstständig bewertungsfähig. Autoradios werden als Bestandteil des Kfzs mit ihm abgeschrieben.

Achtung
Scheidet ein Geringwertiges Wirtschaftsgut aus dem Betriebsvermögen aus, so vermindert sich der Sammelposten trotzdem nicht.

Beispiel:	
Ein Faxgerät wurde zu 175 EUR, eine Sitzgruppe zu 1.325 EUR (lt. Rechnung: 4 Stühle à 175 EUR, 1 Tisch zum Sonderpreis 625 EUR) angeschafft und jeweils mit Schecks bezahlt. Die USt bleibt in diesem Beispiel außer Betracht.	
Buchung von Sammelposten	
Geringwertige Wirtschaftsgüter Sammelkonto	175 EUR
an Bank	175 EUR
Geringwertige Wirtschaftsgüter Sammelkonto	1.325 EUR
an Bank	1.325 EUR
Zum Jahresabschluss wird gebucht:	
Abschreibungen Sammelposten GWG	300 EUR
an Sammelposten Geringwertige Wirtschaftsgüter	300 EUR

Weitere Konten zu GWG:

BGA	IKR	SKR03	SKR04	Kontenbezeichnung (SKR)
037	089	0480	0670	Geringwertige Wirtschaftsgüter
037	089	0485	0675	GWG 250 bis 1000 Euro (Sammelposten)
4912	6549	4855	6260	Sofortabschreibung GWGs
4912	6549	4862	6264	Abschreibungen auf den Sammelposten GWG

Sind diese Gegenstände irrtümlich auf dem Konto „GWG“ erfasst, so müssen sie umgebucht werden, etwa auf „Sonstige Betriebs- und Geschäftsausstattung o. Ä.:

BGA	IKR	SKR03	SKR04	Kontenbezeichnung (SKR)
033	08	0300	0500	Betriebs- und Geschäftsausstattung
032	080	0310	0510	Andere Anlagen
0325	082	0440	0620	Werkzeuge
0331	081	0430	0640	Ladeneinrichtung
0332	087	0420	0650	Büroeinrichtung
0326	085	0460	0660	Gerüst- und Schalungsmaterial
033	087	0490	0690	Sonstige Betriebs- u. Geschäftsausstattung

Was ist mit Einlagen?

Bei Gegenständen, die in das Unternehmen eingelegt werden, tritt an die Stelle der Anschaffungskosten der sog. Teilwert. Bei weniger als drei Jahre alten Gegenständen ist dies der Wert, der sich aus den damaligen Anschaffungskosten abzüglich regulärer, linearer Abschreibungen ergibt. Wurde das Anlagegut mehr als drei Jahre vor der Einlage angeschafft, so wird ein Marktwert realistisch geschätzt.

Tipp:
Je höher Sie schätzen, umso mehr Abschreibungsvolumen steht Ihnen zur Verfügung.

Finanzanlagen richtig abschreiben

Für die Finanzanlagen Nr. 1 bis Nr. 4 ist der Ausweis dieser Positionen nur für Kapitalgesellschaften vorgeschrieben:

1. Anteile an verbundenen Unternehmen,
2. Ausleihungen an verbundene Unternehmen,
3. Beteiligungen,
4. Ausleihungen an Unternehmen, mit denen ein Beteiligungsverhältnis besteht.

Wertpapiere des Anlagevermögens

Wertpapiere sind Urkunden, die ein Recht verbriefen, welches zur Ausübung des Rechts eben diese Urkunde erfordert. Zu den Wertpapieren zählen somit keine GmbH-Anteile bzw. Anteile an Personengesellschaften. Als dauerhafte Finanzanlage - nicht nur für kurzfristige Liquiditätsüberschüsse gehalten - sind sie im Anlagevermögen zu aktivieren - und zwar auf folgendem Konto:

BGA	IKR	SKR03	SKR04	Kontenbezeichnung (SKR)
045	15	0525	0900	Wertpapiere des Anlagevermögens

Worauf müssen Sie achten, damit Wertpapiere als Betriebsvermögen gelten?

Wenn Sie kein Bankier sind, können Sie Wertpapiere nur als gewillkürtes Betriebsvermögen behandeln. Dazu müssen die Effekten in einem objektiven Zusammenhang zu dem Betrieb stehen und diesen zu fördern bestimmt und geeignet sein.

Gewinne aus dem Verkauf von Wertpapieren, die als Betriebsmittel angeschafft wurden, können entweder steuerpflichtige Betriebseinnahmen oder - nach Ablauf der Spekulationsfrist - private steuerfreie Einnahmen darstellen. Entsprechende Verluste sind entweder steuermindernde Betriebsausgaben oder aber mit keinen anderen Einkunftsarten zu verrechnende Verluste aus Spekulationen.
Doch diese Abschreibung ist nicht ohne Tücken: Es kommt darauf an, ob eine Zuordnung zum gewillkürten Betriebsvermögen möglich und gewollt war oder der Anschaffung eine Entnahme in das Privatvermögen vorausging. Dazu der Bundesgerichtshof (BFH 19.Feb.1997 XI R 1/96):

1. Wertpapiere können nicht im Betriebsvermögen gehalten werden, wenn bereits beim Erwerb spätere Verluste klar werden.

2. Branchenuntypische Termin- und Optionsgeschäfte sind auch dann nicht dem Betrieb zuzuordnen, wenn mit ihnen Gewinne erzielt werden können.

Tipp:

Wertpapiere sind nur dann willkürbar, wenn Sie entschlossen handeln und im Fall eines Verlustes keinen Zweifel daran lassen, dass Sie die Papiere aus betrieblichen Mitteln finanziert und nicht etwa aus entnommenen Mitteln privat angeschafft haben (was Sie u. a. durch eine zeitnahe Buchung dokumentieren sollten). Die verspätete Zuordnung zum Betriebsvermögen erst zum Jahresabschluss wird - insbesondere bei inzwischen eingetretenen Kursverlusten - ein kritischer Betriebsprüfer verwerfen.

Welche Kosten zählen?

Zu den Anschaffungskosten eines Wertpapiers gehören auch alle Aufwendungen zum Zwecke des Erwerbs, also auch die Nebenkosten und die nachträglichen Anschaffungskosten. Bei den Nebenkosten sind hauptsächlich Maklergebühren (Courtage) und Bankgebühren zu nennen. Nachschüsse bei Termingeschäften sind ein Beispiel für nachträgliche Anschaffungskosten. Gewinnanteile wie beispielsweise Dividenden vor ihrer Ausschüttung bilden einen Teil der Anschaffungskosten, die sich entweder in einem höheren Kurs ausdrücken oder zusätzlich zeitanteilig ausgezahlt werden. Nicht zu den Anschaffungskosten gehören dagegen die so genannten Stückzinsen. Das sind bis zum Erwerb aufgelaufene Zinsen, die dem Wertpapierverkäufer zustehen, aber dem Erwerber als dem Inhaber des Zinsscheines bei der nächsten Zinsfälligkeit gutgeschrieben werden. Gezahlte Stückzinsen gelten stattdessen als negative Zinserträge. Sie werden bei Papieren im Betriebsvermögen als Zinsaufwand gebucht.

Aufwendungen für Aktien abschreiben

Zu den Teilhaber- bzw. Dividendenpapieren gehören die Aktien. Sie verbriefen Mitgliedsrechte an einer Aktiengesellschaft auf vermögenswerte Leistungen wie Dividendenanspruch, Bezugsrechte auf Junge Aktien u.a., sowie gesellschaftsrechtliche Rechte wie Stimmrecht und Auskunftsrecht. Liegen die Papiere im Girosammeldepot, ermitteln Sie den Durchschnittswert der Anschaffungskosten bzw. den niedrigeren Kurs zum Bilanzstichtag. Papiere in Streifbandverwahrung, im Schließfach oder Ihrem eigenen Safe dürfen Sie aus Vereinfachungsgründen ebenfalls zu durchschnittlichen Anschaffungskosten bewerten. Hier ist daneben die Einzelbewertung zulässig bzw. geboten, soweit Sie die Papiere identifizieren können.

BGA	IKR	SKR03	SKR04	Kontenbezeichnung (SKR)
0451	150	0525	0910	Wertpapiere mit Gewinnbeteiligungsansprüchen

Festverzinsliche Wertpapiere

Festverzinsliche Wertpapiere mit gewöhnlich langer Laufzeit werden regelmäßig und in gleichbleibender Höhe verzinst. Der Inhaber hat Anspruch auf den - auf die Urkunde gedruckten - Nennbetrag. Die Schuldurkunden, in denen sich der Aussteller verpflichtet, dem Inhaber (Gläubiger) den Nennbetrag und die Zinsen zu zahlen, heißen deshalb auch Schuldverschreibung, Anleihe oder Obligation.

BGA	IKR	SKR03	SKR04	Kontenbezeichnung (SKR)
0452	156	0535	0920	Festverzinsliche Wertpapiere

Tipp:
Den Bestand an Wertpapieren weisen Sie mit Depotauszügen, Kopien der Papiere oder ähnlichen Dokumenten nach.

Wie funktioniert die Abschreibung bei (Aktien-)Verlusten?

Wenn bei Gegenständen des Anlagevermögens eine voraussichtlich dauernde Wertminderung eingetreten ist, so muss auf den niedrigeren Wert abgeschrieben werden.
Was tun Sie, wenn die Wertminderung sich im Nachhinein als nur vorübergehend erweist? Das Einkommensteuergesetz verlangt nach einer irgendwann einmal erfolgten Teilwertabschreibung, dass jedes Jahr die Berechtigung für die Beibehaltung des geminderten Wertansatzes aufs Neue nachgewiesen wird. Eine weggefallene Wertminder-

ung müssen Sie deshalb wettmachen (durch eine Zuschreibung). Die Obergrenze dieser Wertaufholung besteht allerdings in den (fortgeführten) Anschaffungs- oder Herstellungskosten. Nach den Vorschriften des BilMoG ist die Zuschreibung in der Handelsbilanz zwingend

Und hier buchen Sie diese Wertaufholung:

BGA	IKR	SKR03	SKR04	Kontenbezeichnung (SKR)
273	544	2710	4910	Erträge Zuschreibung Gegenstände des Anlagevermögens

„Sonstige Ausleihungen“ abschreiben

Ausleihungen - das sind Darlehen, Hypotheken, Grund- und Rentenschulden - werden üblicherweise mit dem vertraglichen Nennbetrag (Auszahlungsbetrag) angesetzt. Abschreibungsbedarf wegen einer Wertminderung kann jedoch entstehen:

- weil die Forderung ganz oder teilweise ausfallen wird,
- weil der Wechselkurs einer Forderung in fremder Währung verfällt. Ermitteln Sie hierbei anhand des Tageskurses am Bilanzstichtag den Wert der Ausleihung und schreiben Sie die Differenz zum alten Wert als Kursverluste ab.
- Weil die Forderung zinsfrei oder zu niedrig verzinst gewährt wurde (gilt nicht für zinsfreie Arbeitnehmerdarlehen).

Hier soll nach Willen der Finanzbehörden eine Abschreibung bis auf einen mit 5,5 % abgezinsten Barwert der Darlehensforderung erfolgen.

Beispiel
Sie gewähren für zwei Jahre einem Ihnen nahestehenden Unternehmen zur Überbrückung einer Liquiditätsschwäche ein zinsfreies Darlehen in Höhe von 111.303 EUR Der Teilwert der zinsfreien Ausleihung beträgt: 111.303 EUR/$(1+0,055)^2$ = 100.000 EUR.. = Quadrat Zum Jahresabschluss schreiben Sie den Wertabschlag ab. Abschreibung Finanzanlagen 11.303 EUR an Ausleihungen 11.303 EUR

§ 6 Abs. 1 Nr. 3 Satz 2 EStG nimmt folgende Verbindlichkeiten von der Abzinsung aus:

- Verbindlichkeiten mit einer Laufzeit von weniger als 12 Monaten,

- erhaltene Anzahlungen,
- erhaltene Vorausleistungen.

BGA	IKR	SKR03	SKR04	Kontenbezeichnung (SKR)
046	16	0540	0930	Sonstige Ausleihungen
046	16	0550	0940	Darlehen
0453	160	0570	0980	Genossenschaftsanteile z. langfr. Verbleib
0454	169	0595	0990	LV-Rückdeckungsansprüche z. langfr. Verbleib
493	740	4870	7200	Abschreibungen auf Finanzanlagen

Unter „LV-Rückdeckungsansprüche zum langfristigen Verbleib" werden die Aktivwerte der Rückdeckungsversicherungen eingestellt. Solche Versicherungen sind üblich, um z. B. Pensionsverpflichtungen der Gesellschaft gegenüber Geschäftsführer und Arbeitnehmern bei Zahlungsunfähigkeit ab zudecken.

Zusammenfassung

Die Grundstruktur des Anlagevermögens besteht aus:
I. Immateriellen Vermögensgegenständen
(z. B. Firmenwert, Konzessionen, Software)
Seit 2010 dürfen Sie nach Handelsrecht sowohl entgeltlich erworbene alsauch selbst hergestellte immaterielle Wirtschaftsgüter aktivieren. Wegen teilweiser langer Abschreibungsdauer werden beim Unternehmenskauf aus Firmenwert Bestandteile herausgelöst (wie z. B. Marken, Kundenstamm).
II. Sachanlagen
Zu unterscheiden sind nicht abnutzbare (z. B. Grundstücke) und abnutzbare (z. B. Maschinen). Die Anschaffungskosten eines Grundstücks sind auf das aufstehende Gebäude einerseits und den Grund und Boden andererseits aufzuteilen, wobei nur der Anteil am Gebäude Abschreibungsvolumen für die reguläre AfA bildet. Mietereinbauten können grundsätzlich aktiviert und auf die Mietzeit abgeschrieben werden. Für Geringwertige Wirtschaftsgüter GWG (Anschaffungskosten zwischen 250 EUR und 1000 EUR) sind im Jahr der Anschaffung Sammelposten zu bilden, die über fünf Jahre zu je 20% linear aufgelöst wird. Alternativ ist die Sofortabschreibung bei Anschaffung bis 800 EUR möglich.
III. Finanzanlagen (z. B. Wertpapiere)
Finanzanlagen gehören in ihrer Mehrzahl nicht zum notwendigen Betriebsvermögen. Deshalb müssen Sie insbesondere bei Anlagenverlusten auf die richtige Erfassung in der Buchhaltung achten. Da Finanzanlagen nicht abnutzbar sind, kommen üblicherweise nur Teilwertabschreibungen in Betracht. Wenn eine voraussichtlich dauernde Wertminderung eingetreten ist, so muss auf den niedrigeren Wert abgeschrieben werden. Ist die Wertminderung weggefallen, müssen Sie dies durch eine Zuschreibung wettmachen.

Die E-Bilanz nach § 5b EStG

Nach dem neu geschaffenen § 5b EStG sind die Inhalte der Handelsbilanz einschließlich der steuerlichen Überleitungsrechnung oder der Steuerbilanz, der Gewinn- und Verlustrechnung, ab 2017 des Anlagenspiegels sowie weiterer steuerrelevanter Daten für die Geschäftsjahre elektronisch an die Finanzverwaltung zu übermitteln.

ELSTER

Wer dazu keine Möglichkeit über einen Softwareanbieter hat, kann mit dem amtlichen ELSTER-Verfahren Formulare sowohl online als auch in einer PC-Anwendung ausfüllen (ELSTER = ELektronische STeuerERklärung. Der Doppelsinn von einem diebischen Vogel ist ein ungewohnter Anflug von Selbstironie).

Als Voraussetzung für die sogenannten authentifizierten Übermittlungen über ELSTER muss sich der Absender mit einer Signatur eindeutig ausweisen. Dazu bietet sich das kostenlose Softwarezertifikat als eine von drei Möglichkeiten an.

- Registrieren Sie sich zunächst mit ihrer betrieblichen Steuernummer über ElsterOnline. Innerhalb von zehn Tagen erhalten Sie Post vom Betriebsfinanzamt mit einem Aktivierungscode.
- Auf www.elsteronline.de können Sie nun die Registrierung vervollständigen und eine kleine Datei mit dem Softwarezertifikat herunterladen.
- Mit Benutzername, Passwort und dem Zugriff auf dieses Zertifikat können Sie sich nicht nur bei ElsterOnline oder dem Bundeszentralamt für Steuern einwählen, sondern z. B. auch auf dem PC im ELSTER-Formular oder mit dem Telemodul der DATEV authentifizierte Daten übermitteln.

Auch für die Übertragung der E-Bilanz ist in der Regel die Authentifizierung eine unbedingte Voraussetzung. Eine Möglichkeit, die E-Bilanz wie eine Steuererklärung in einem Formular auszufüllen, sucht man jedoch auf ElsterOnline vergeblich. Vonseiten der Finanzverwaltung wird auf kommerzielle Softwareanbieter verwiesen. Die aktuellen Buchhaltungsprogramme stellen vereinfacht gesagt die Bilanzdaten in einem XML-Format her und mittels der Schnittstelle ERiC übergeben Sie die Datensätze an ELSTER.

Mit dem Portal »ElsterOnline« hat das Finanzamt zwar die Möglichkeiten geschaffen, Steuererklärungen kostenlos online auszufüllen und zu übermitteln. Um jedoch eine E-Bilanz wie eine Steuererklärung in einem Formular auszufüllen, wird man auf kommerzielle Software verwiesen, die vereinfacht gesagt die Bilanzdaten in einem XML-Format herstellen und über die Schnittstelle ERiC die Datensätze an ELSTER übergeben.

Für die Übertragung der E-Bilanz benötigen Sie also ein Elstermodul, das in sämtlichen kommerziellen Buchhaltungsprogrammen integriert ist.

Die E-Bilanz-Übermittlung durch eine kostenlose Software wie z.B. myebilanz.de setzt daher ein gesondertes ELSTER-Zertifikat voraus, das Sie aber ohnehin für Ihre Steuererklärungen benötigen.

Das Programm lässt sich kostenlos unter https://www.myebilanz.de/setup.php laden. Unter https://www.myebilanz.de/myebilanz.pdf finden Sie ein ausführliches Handbuch.

Anlagenspiegel in der E-Bilanz
Hier abgebildet finden Sie die Positionen des Anlagenspiegels auf der 5. Ebene definiert (der komplette Anlagenspiegel auf der 10. Ebene enthält 443 Position).

Bilanz
- Bilanzsumme, Summe Aktiva
- Rückständige fällige Einzahlungen auf Geschäftsanteile
- Bilanzierungshilfe
- Aufwendungen für die Ingangsetzung und Erweiterung des Geschäftsbetriebs

Anlagevermögen
- Immaterielle Vermögensgegenstände
- Selbst geschaffene gewerbliche Schutzrechte und ähnliche Rechte und Werte
- Selbst geschaffene gewerbliche Schutzrechte und ähnliche Rechte und Werte, davon fertige
- Selbst geschaffene gewerbliche Schutzrechte und ähnliche Rechte und Werte, davon in Entwicklung befindlich
- entgeltlich erworbene Konzessionen, gewerbliche Schutz- und ähnliche Rechte und Werte sowie Lizenzen an solchen Rechten und Werten
- Konzessionen
- gewerbliche Schutzrechte
- sonstige Rechte und Werte
- EDV-Software
- Lizenzen an Rechten und Werten
- entgeltlich erworbene Konzessionen, gewerbliche Schutz- und ähnliche Rechte und Werte sowie Lizenzen an solchen Rechten und Werten, soweit aus der/den für die ausländische(n) Betriebsstätte(n) geführten Buchführung(en) nicht anders zuordenbar

Geschäfts-, Firmen- oder Praxiswert
- derivativer Firmenwert (Goodwill)
- Geschäfts-, Firmen- oder Praxiswert, soweit aus der/den für die ausländische(n) Betriebsstätte(n) geführten Buchführung(en) nicht anders zuordenbar

geleistete Anzahlungen (immaterielle Vermögensgegenstände)

sonstige immaterielle Vermögensgegenstände
- Erläuterungen zu sonstigen immateriellen Vermögensgegenständen

Sachanlagen
- Grundstücke, grundstücksgleiche Rechte und Bauten einschließlich der Bauten auf fremden Grundstücken
- unbebaute Grundstücke
- grundstücksgleiche Rechte ohne Bauten
- Bauten auf eigenen Grundstücken und grundstücksgleichen Rechten

- Bauten auf eigenen Grundstücken und grundstücksgleichen Rechten, davon Grund und Boden-Anteil
- Bauten auf fremden Grundstücken
- Übrige Grundstücke, nicht zuordenbar
- Grundstücke, grundstücksgleiche Rechte und Bauten einschließlich der Bauten auf fremden Grundstücken, soweit aus der/den für die ausländische(n) Betriebsstätte(n) geführten Buchführung(en) nicht anders zuordenbar

technische Anlagen und Maschinen

- technische Anlagen
- Maschinen und maschinengebundene Werkzeuge
- Betriebsvorrichtungen
- Reserve- und Ersatzteile
- technische Anlagen und Maschinen, GWG
- technische Anlagen und Maschinen, GWG-Sammelposten
- Sonstige technische Anlagen und Maschinen
- technische Anlagen und Maschinen, soweit aus der/den für die ausländische(n) Betriebsstätte(n) geführten Buchführung(en) nicht anders zuordenbar

andere Anlagen, Betriebs- und Geschäftsausstattung

- andere Anlagen
- Betriebsausstattung
- Geschäftsausstattung
- andere Anlagen, Betriebs- und Geschäftsausstattung, GWG
- andere Anlagen, Betriebs- und Geschäftsausstattung, Sammelposten GWG
- Sonstige Betriebs- und Geschäftsausstattung
- andere Anlagen, Betriebs- und Geschäftsausstattung, soweit aus der/den für die ausländische(n) Betriebsstätte(n) geführten Buchführung(en) nicht anders zuordenbar

Geschäfts- und Vorführwagen

geleistete Anzahlungen und Anlagen im Bau

- geleistete Anzahlungen auf Sachanlagen
- Gebäude im Bau
- technische Anlagen und Maschinen im Bau
- geleistete Anzahlungen und Anlagen im Bau, soweit aus der/den für die ausländische(n) Betriebsstätte(n) geführten Buchführung(en) nicht anders zuordenbar

sonstige Sachanlagen

- vermietete Anlagenwerte
- übrige sonstige Sachanlagen, nicht zuordenbare Sachanlagen
- Erläuterungen zu sonstige Sachanlagen

Finanzanlagen

- Finanzanlagen, davon Ausleihungen an Gesellschafter
- Anteile an verbundenen Unternehmen
- Anteile an Personengesellschaften

- Anteile an Kapitalgesellschaften
- Anteile an verbundenen Unternehmen, nach Rechtsform nicht zuordenbar
- Anteile an verbundenen Unternehmen, davon Anteile an herrschender oder an mit Mehrheit beteiligter Gesellschaft
- Anteile an verbundenen Unternehmen, davon Anteile an Tochterunternehmen
- Anteile an verbundenen Unternehmen, soweit aus der/den für die ausländische(n) Betriebsstätte(n) geführten Buchführung(en) nicht anders zuordenbar

Ausleihungen an Gesellschafter
- Ausleihungen an GmbH-Gesellschafter und stille Gesellschafter
- Ausleihungen an persönlich haftende Gesellschafter
- Ausleihungen an Kommanditisten
- Ausleihungen an Gesellschafter, nicht nach Rechtsform des Gesellschafters zuordenbar

Ausleihungen an verbundene Unternehmen
- Ausleihungen an verbundene Unternehmen, soweit Personengesellschaften
- Ausleihungen an verbundene Unternehmen, soweit Kapitalgesellschaften
- Ausleihungen an verbundene Unternehmen, soweit Einzelunternehmen
- Ausleihungen an verbundene Unternehmen, nach Rechtsform nicht zuordenbar
- Ausleihungen an verbundene Unternehmen, davon Ausleihungen an herrschende oder an mit Mehrheit beteiligter Gesellschaft
- Ausleihungen an verbundene Unternehmen, davon Ausleihungen an Tochterunternehmen
- Ausleihungen an verbundene Unternehmen, soweit aus der/den für die ausländische(n) Betriebsstätte(n) geführten Buchführung(en) nicht anders zuordenbar

Beteiligungen
- Beteiligungen, davon Beteiligungen an assoziierten Unternehmen
- Beteiligungen, davon Anteile an Joint Ventures
- Beteiligungen an Personengesellschaften
- Beteiligungen an Kapitalgesellschaften
- stille Beteiligungen
- typisch stille Beteiligung
- atypisch stille Beteiligung
- sonstige Beteiligungen, nach Rechtsform nicht zuordenbar
- Beteiligungen, soweit aus der/den für die ausländische(n) Betriebsstätte(n) geführten
- Buchführung(en) nicht anders zuordenbar

Ausleihungen an Unternehmen, mit denen ein Beteiligungsverhältnis besteht
- Ausleihungen an Unternehmen, mit denen ein Beteiligungsverhältnis besteht, davon Ausleihungen an beteiligte Unternehmungen
- Ausleihungen an Unternehmen, mit denen ein Beteiligungsverhältnis besteht, davon Ausleihungen an Beteiligungen
- Ausleihungen an Unternehmen, mit denen ein Beteiligungsverhältnis besteht,

davon Ausleihungen an assoziierten Unternehmen
Ausleihungen an Unternehmen, mit denen ein Beteiligungsverhältnis besteht, davon Ausleihungen an Joint Ventures
Ausleihungen an Personengesellschaften
Ausleihungen an Kapitalgesellschaften
Ausleihungen an Unternehmen, mit denen ein Beteiligungsverhältnis besteht, nicht nach Rechtsform zuordenbar
Ausleihungen an Unternehmen, mit denen ein Beteiligungsverhältnis besteht, soweit aus der/den für die ausländische(n) Betriebsstätte(n) geführten Buchführung(en) nicht anders zuordenbar

Wertpapiere des Anlagevermögens
Aktien
Optionsscheine
Genussscheine
Investmentzertifikate
Obligationen
Wandelschuldverschreibungen
festverzinsliche Wertpapiere
sonstige Wertpapiere des Anlagevermögens
sonstige Wertpapiere des Anlagevermögens: Erläuterungen
Wertpapiere des Anlagevermögens, soweit aus der/den für die ausländische(n) Betriebsstätte(n) geführten Buchführung(en) nicht anders zuordenbar

sonstige Ausleihungen
Ausleihungen an Mitarbeiter
übrige sonstige Ausleihungen / nicht zuordenbare sonstige Ausleihungen
sonstige Ausleihungen, soweit aus der/den für die ausländische(n) Betriebsstätte(n) geführten Buchführung(en) nicht anders zuordenbar

sonstige Finanzanlagen
Genussrechte
Genossenschaftsanteile (langfristiger Verbleib)
Rückdeckungsansprüche aus Lebensversicherungen (langfristiger Verbleib)
stille Beteiligungen innerhalb der sonstigen Finanzanlagen

übrige sonstige Finanzanlagen / nicht zuordenbare sonstige Finanzanlagen

Vermögensgegenstände zwischen Anlagevermögen und Umlaufvermögen
Kernbrennelemente
Filmvermögen von Filmverleihern
Vorabraum im Tagebau
andere Vermögensgegenstände zwischen Anlagevermögen und Umlaufvermögen
Erläuterungen zu: andere Vermögensgegenstände zwischen Anlagevermögen und Umlaufvermögen

Lebenszyklus der Anlagegüter

Waren die ersten beiden Kapitel noch sehr theoretisch, so finden Sie im nachfolgenden das Leben von Anlagegütern aus der Praxis beschrieben.

Ein kurzer Überblick für Sie:

Anlagenzugänge: Netto-Kaufpreis + Nebenkosten - Rabatte, Skonti oder Zuschüsse = Anschaffungskosten. Berücksichtigen Sie die steuerlichen Besonderheiten bei Inzahlungnahmen und Tauschgeschäften.
Kleinere oder mittlere Betriebe die vorteilhafte sog. Mittelstands-AfA und auch den gewinnmindernden Investitionabzugsbetrag anwenden. Mit dem Ansatzwahlrecht für Zuschüsse entscheiden Sie über deren erfolgswirksame oder -neutrale Behandlung als Erlöse.

Geleistete Anzahlungen auf Anlagegüter und Anlagen im Bau sind bis zu ihrer vollständigen Zahlung bzw. Fertigstellung zunächst auf speziell dafür vorgesehene Konten zu buchen.

Prüfen Sie bei der **Fortschreibung des Inventars** u.a, ob nachträgliche Anschaffungskosten berücksichtigt wurden,

1. eine Kürzung der Nutzungsdauer oder Wertminderung von Anlagegütern den Abschreibungsplan ändern.
2. Neubewertung von Beteiligungen und anderen Finanzanlagen

Anlagenabgänge: Buchgewinn = Erlös höher als Restwert, Buchverlust = Erlös geringer als Restwert. Der Restwert ergibt sich aus der Fortführung der Abschreibungen bis in den Monat des Anlageabgangs (pro rata temporis).

Entnahme von Anlagegüter als Unentgeltliche Wertabgabe (früher: Eigenverbrauch)

Zugang von Anlagegütern

Zu den Anschaffungskosten zählt nicht nur der Netto-Kaufpreis des Anlagegutes, sondern darüber hinaus auch sämtliche Aufwendungen, um es betriebsüblich nutzen zu können. Nebenkosten wie Fracht, Montagekosten gehören dazu wie auch nachträgliche Kosten, sofern sie dem Anlagegut einzeln zugerechnet werden können.
Praxis-Beispiel
Mit einem Scheck wurde am 01.06. der neue Kombi zum Preis von netto 30.000

EUR gekauft und gleich in der Zulassungsstelle angemeldet. Bar gezahlt wurden die Zulassungsgebühren mit 50 EUR (ohne Vorsteuer), Nummernschilder zu 25 EUR, die Tankfüllung zu 50 EUR und die Anschaffung mit Einbau eines Autoradios eine Woche später zum Preis von 650 EUR jeweils zzgl. 19 % USt.

Kaufpreis	30.000,00 EUR
Zulassungsgebühren	50,00 EUR
Kennzeichen	25,00 EUR
Autoradio	650,00 EUR
Anschaffungskosten Pkw	30.725,00 EUR

Pkw		30.725 EUR
Kfz-Betriebskosten		50 EUR
Vorsteuer		5.838 EUR
an	Bank	35.700 EUR
	Kasse	913 EUR

In der Kontierung der Tankfüllung auf ein Aufwandskonto anstelle des Anlagenkontos „Pkw" sehen Sie einen Grenzfall: Tatsächlich sind all diejenigen Aufwendungen Anschaffungskosten, die nötig sind, den Gegenstand in einen betriebsbereiten Zustand zu versetzen. Einen Pkw ohne Treibstoff können Sie nicht in Gebrauch nehmen. Die Erstausstattung von technischen Geräten wie z.B. die Farbkartusche und Anschlusskabel eines Druckers gehören zu dessen Anschaffungskosten. Im obigen Fall sei anzunehmen, dass der Tank beim Kauf nicht leer war, sondern der Sprit bis zur nächsten Tankstelle rcichte.

Verwenden Sie für die Anschaffung neuer Wirtschaftsgüter nach Möglichkeit Anlagekonten, die bereits in die Vorjahresbilanz eingeflossen sind. Buchen Sie im gegebenen Fall um.

Praxis-Beispiel

Bei den im laufenden Jahr unter „Maschinen" erfassten 60.000 EUR für eine Verpackungsanlage handelt es sich tatsächlich um eine zusätzliche „Betriebsvorrichtung". Buchen Sie um:

Betriebsvorrichtungen 60.000 EUR

---

an Maschinen 60.000 EUR

Wenn Ihr Buchhaltungsprogramm jede Habenbuchung auf einem Anlagenkonto als Anlagenabgang deutet, so ist zunächst der Zugang zu stornieren. Für den integrierten

Anlagenspiegel der DATEV z.B. schalten Sie folgende Buchung (Generalumkehr) vor:

Soll	Haben	GegenKto SKR03/04	Konto SKR03/04	Text
60.000,00		2000210/ 2000440	1799/1499	Storno Zugang Maschinen
60.000,00		1799/1499	0280/0470	Zugang Betriebsvorrichtung

Inzahlungnahme eines Anlageguts

Bei der Inzahlungnahme handelt es sich üblicherweise um einen Tausch mit Wertausgleich in bar. Beim Betriebsvermögen von Kaufleuten unter sich sind beide Teile dieses Geschäfts umsatzsteuerpflichtig (Ausnahme: Differenzbesteuerung).

Achten Sie insbesondere bei Inzahlungnahme eines Fahrzeuges durch einen Autohändler auf den Beleg: Der richtige Rechnungsausweis durch den Autohändler entscheidet darüber, ob beide Seiten Vorsteuer geltend machen können. Bei falscher Darstellung oder stillschweigender Verrechnung der Inzahlungnahme und Rechnung nur über den Restbetrag kann es passieren, dass

- sowohl der Händler die Differenz nachversteuern muss, da der Verkaufspreis tatsächlich höher lag,
- als auch der Käufer USt auf die Inzahlungnahme seines Altfahrzeugs nachzahlen muss,

ohne dass zunächst eine Seite einen Vorsteuerabzug in gleicher Höhe geltend machen kann (keine Rechnung mit USt-Ausweis vorhanden).

Am sichersten fahren beide Unternehmer bei zwei getrennten Rechnungen über den Verkauf des Neuwagens und den Verkauf des Altfahrzeugs.

Praxis-Beispiel
Inzahlungnahme eines Pkw mit Buchgewinn. Der Zugang des Neuwagens wurde nur zum Barpreis gebucht.

Kaufpreis Neuwagen netto	48.000 EUR
Inzahlungnahme Altfahrzeug	25.000 EUR
Restkaufpreis Neuwagen netto	**23.000 EUR**

Hier ist in Höhe von jeweils 25.000 EUR sowohl ein umsatzsteuerpflichtiger Erlös für den Altwagen als auch als Anschaffungskosten des Neuwagens zu buchen.

Erlös Altfahrzeug netto		25.000 EUR
Buchwert Altfahrzeug		20.000 EUR
Buchgewinn		5.000 EUR

Zusätzlich ist Buchwertabgang zu erfassen.

Pkzw		25.000 EUR
Buchwertabgang		20.000 EUR
Vorsteuer		4.000 EUR
an	Erlöse Abgang Anlagegüter	25.000 EUR
	Pkw	20.000 EUR
	Umsatzsteuer	4.000 EUR

Tausch

Bei einem Tausch ohne Wertausgleich besteht in der Handelsbilanz ein Wahlrecht.

- Der Tausch kann gewinnrealisierend behandelt werden, wobei der neue Anlagegegenstand mit dem Zeitwert (gemeiner Wert) des hingegebenen Gegenstandes anzusetzen ist. Ein niedriger Ansatz führt dann zu einem a.o. Aufwand, der höhere zu einem Ertrag
- erfolgsneutral ist der Ansatz des angeschafften Anlagegegenstandes mit dem Buchwert des hingegebenen. Der Buchwertabgang entspricht damit den Anschaffungskosten des erhaltenen Anlagegutes.

Im Gegensatz dazu sind nach IAS 16.21 die Tauschfälle wie folgt zu unterscheiden:

- Gegenstände nach gleichartiger Funktion, Einsatz und Wert sind mit gleichen Buchwerten fortzuführen.
- der Tausch unterschiedlicher Gegenstände ist erfolgswirksam zu erfassen

Abschreibungen für kleine und mittlere Betriebe

Mittelstands-AfA

Zusätzlich zu der regulären AfA - linear oder Leistungs-AfA - werden kleinere und mittlere Betriebe steuerlich dadurch gefördert, indem diese bis zu insgesamt 20 % der

Aufwendungen absetzen können § 7g Abs. 5 EStG), beliebig verteilt innerhalb von fünf Jahren ab Anschaffung oder Herstellung (Begünstigungszeitraum).

Folgende Voraussetzungen sollten vorliegen:

- es muss sich um – neue oder gebrauchte - bewegliche Anlagegüter (auch Mietereinbauten) handeln, die
- im Jahr der Anschaffung und im Folgejahr in einer inländischen Betriebsstätte dieses Betriebs verbleiben müssen und diese müssen
- innerhalb dieses Zeitraums zumindest zu 90 % betrieblich genutzt werden oder - ab dem Jahr 2021 - vermietet sind.

Gefördert werden bis einschließlich 2019 Gewerbebetriebe mit einem Betriebsvermögen unter 235.000 EUR. Diese Größenklasse erfüllen automatisch alle Betriebe, die ihren Gewinn durch Einnahmen-Überschuss-Rechnung ermitteln. Deren Vorjahresgewinne dürfen allerdings 100.000 EUR nicht überschritten haben.

Ab 2020 gilt für alle Unternehmen eine einheitliche Gewinngrenze von 200.000 EUR.

Praxis-Beispiel:
Der Handelsvertreter Schmitt nutzt den am 28.10.20 zum Preis von 60.000 EUR angeschafften Firmenwagen nachweislich nur zu betrieblichen Zwecken. Für 01 kann er folgende Abschreibungen vornehmen:

Abschreibung nach § 7g EStG 20% von 50.000 EUR = 10.000 EUR

Jahres-AfA 1/6 von 60.000 EUR = 10.000 EUR, im 1. Jahr 3 Monate

Abschreibungen aufgrund steuerlicher Vorschriften		10.000 EUR
an	Fuhrpark	10.000 EUR

Abschreibungen auf Sachanlagen		2.500 EUR
an	Fuhrpark	2.500 EUR

Nach Handelsrecht ist diese Abschreibung nicht zulässig weshalb in Handels- und Steuerbilanz abweichende Aktivwerte aufweisen.

BGA	IKR	SKR03	SKR04	Kontenbezeichnung (SKR)
4960	655	4851	6241	Sonderabschreibungen nach § 7g EStG (ohne Kfz)
4960	655	4852	6242	Sonderabschreibungen nach § 7g EStG (für Kfz)
4960	655	4853	6243	Sonderabschreibungen nach § 7g Abs. 2 EStG (ohne Kfz)
4960	655	4854	6244	Sonderabschreibungen nach § 7g Abs. 2 EStG (für Kfz)

Investitionsabzugsbetrag

Seit der Bilanz zum 31.12.2007 darf keine Ansparrücklage mehr gebildet werden. An ihrer Stelle tritt der gewinnmindernde Investitionsabzugsbetrag, ebenfalls in Höhe von 40 Prozent (ab 2020: 50 Prozent) der voraussichtlichen Anschaffungs- oder Herstellungskosten. Folgende Voraussetzungen müssen allerdings erfüllt sein:

- Es handelt sich um bewegliche Anlagegüter (auch Mietereinbauten),
- die bis zum dritten Jahr nach Abzug angeschafft oder hergestellt sein müssen.
- die im Jahr der Anschaffung und Folgejahr in einer inländischen Betriebsstätte des Unternehmers verbleiben müssen (ab 2020 ist alternativ eine Vermietung) zulässig) und
- die während dieser Zeit zumindest zu 90 % betrieblich genutzt werden.

Gefördert werden Gewerbebetriebe mit einem Betriebsvermögen unter 235.000 EUR. Diese Größenklasse erfüllen alle Betriebe, die ihren Gewinn durch Einnahmen-Überschussrechnung ermitteln. Deren Vorjahresgewinne dürfen allerdings 100.000 EUR nicht überschritten haben. Ab 2020 gilt für alle Unternehmen eine einheitliche Gewinngrenze von 200.000 EUR vor Abzug des Investitioinsabzugsbetrages ohne Berücksichtigung des Betriebsvermögens.

Im Gegensatz zu der Ansparrücklage nach § 7g EStG alter Fassung ist für den Investitionsabzugsbetrag keine Rücklage mehr zu bilden. Der Abzug erfolgt nicht mehr innerhalb der Gewinnermittlung, sondern er wird außerbilanziell vorgenommen.

Gegen den Ansatz in der Handelsbilanz spricht auch eine neue Regelung: Sollte die geplante Investition unterbleiben, so ist der Investitionsabzugsbetrag rückgängig zu machen (§ 7g Abs. 3 Satz 1 EStG). Neben dem Steuerbescheid wäre somit auch die Bilanz des betreffenden Jahres zu ändern.

Die richtige Erfassung von Zuschüssen

Möglichst hohe Abschreibungen anzusetzen ist nicht Selbstzweck, sondern soll dazu dienen, den steuerlichen Gewinn zu mindern. So ist es immer besser, zu 100 % abziehbare Erhaltungsaufwendungen für ein Anlagegut, als noch so hohe Abschreibungen geltend zu machen.
Ähnlich verhält es sich mit der Behandlung von Zuschüssen für die Anschaffung von Anlagegütern. Mit einem staatlichen oder privaten Zuschuss verfolgt der Zuschussgeber einen bestimmten Zweck, ohne unmittelbaren wirtschaftlichen Zusammenhang mit der Sache.

Für diese Zuschüsse gibt es ein Ansatzwahlrecht. Sie können solche Zuschüsse entweder als Betriebseinnahmen ansetzen oder den Betrag direkt von den Anschaffungs- oder Herstellungskosten abziehen.

Im ersten Fall versteuern Sie zusätzliche Erlöse. Es bleiben auf der anderen Seite die vollen Anschaffungs-/Herstellungskosten und damit maximale AfA erhalten Im zweiten Fall vermindert sich die Bemessungsgrundlage für die AfA und damit die Abschreibungen selbst. Dafür werden keine zusätzlichen Erlöse erfasst.

Praxis-Beispiel
Für die Errichtung einer Windkraftanlage wird aus einem Förderprogramm ein 10 %-iger Zuschuss der Herstellungskosten von 1 Mio. EUR gewährt. Über die betriebsgewöhnliche Nutzungsdauer von 12 Jahren wird linear abgeschrieben.

1) Erfolgswirksame Erfassung des Zuschusses:

Erlöse aus Zuschuss	100.000 EUR
AfA 1.000.000 EUR / 12	./. 83.333 EUR
Ergebnis erhöhend	16.667 EUR

Bank		100.000 EUR
an	Erlöse aus Zuschüssen	100.000 EUR
Abschreibungen auf Sachanlagen		83.333 EUR
an Anlagen		83.333 EUR

2) Erfolgsneutrale Erfassung des Zuschusses:

Erlöse aus Zuschuss	0 EUR
AfA 900.000 / 12	./. 75.000 EUR
Ergebnis mindernd	./. 75.000 EUR

Bank	100.000 EUR
an Anlagen	100.000 EUR
Abschreibungen auf Sachanlagen	75.000 EUR
an Anlagen	75.000 EUR

Wenn der Zuschuss von den Anschaffungs-/Herstellungskosten abgezogen wird, vermindern sich somit die Abschreibungen für sämtliche Wirtschaftsjahre um jeweils 8.333 EUR. Im ersten Jahr jedoch reduziert sich das steuerliche Ergebnis um 91.667 EUR.

Wenn Sie diese im ersten Jahr steuersparende Variante wählen, beachten Sie folgendes:

- Nachträglich gewährte Zuschüsse sind auch nachträglich von den gebuchten Anschaffungs- oder Herstellungskosten abzusetzen.
- Für im voraus gewährte Zuschüsse können Sie eine steuerfreie Rücklage bilden, die Sie dann im Wirtschaftsjahr der Anschaffung oder Herstellung auf das Anlagegut übertragen.

Geleistete Anzahlungen und Anlagen im Bau

Anzahlungen auf Anlagevermögen werden auf separaten Konten erfasst und schließlich auf das angeschaffte Wirtschaftsgut umgebucht.

Praxis-Beispiel

Die georderte Druckmaschine wird zum 25.07. mit einem Drittel des Kaufpreises (netto 300.000 EUR) angezahlt und drei Monate später bei Zahlung eines weiteren Drittels geliefert. Der Restkaufpreis wird drei weitere Monate gestundet.

1. Anzahlung

Geleistete Anzahlungen 100.000 EUR
Vorsteuer 19.000 EUR

---

an Bank 119.000 EUR

2. Anschaffung der Maschine

a) Zahlung des zweiten Drittels
Maschinen 100.000 EUR

Vorsteuer 19.000 EUR

---

an Bank 119.000 EUR

b) die Anzahlung ist umzubuchen
Maschinen 100.000 EUR

---

an Anzahlungen 100.000 EUR

c) die ausstehende Kaufpreisrate wird als Verbindlichkeit aus Lieferungen und Leistungen eingebucht.

Maschinen 100.000 EUR
Vorsteuer 19.000 EUR

---

an Verbindlichkeiten LuL 119.000 EUR

BGA	IKR	SKR03	SKR04	Kontenbezeichnung (SKR)
0355	090	0299	0780	Anzahl. auf technische Anlagen
0351	090	0079	0705	Anzahl. auf Grundstücke ohne Bauten.
035	090	0129	0720	Anzahlungen auf Bauten. auf eig. Grundst.
0352	090	0159	0735	Anzahl. auf Wohnbauten auf eig. Grundst.
0353	090	0189	0750	Anzahl. auf Bauten. auf fr. Grundstücken
0354	090	0199	0765	Anzahl. auf Wohnbauten auf fr. Grundstücken
0356	090	0499	0795	Anzahl. Betriebs- u. Geschäftsausstattung

Wie Anzahlungen sind auch Anlagen im Bau zu erfassen.

Bei Fertigstellung sind diese Konten ggf. aufzulösen und der Saldo auf das Anlagegut umzubuchen

Die Abgrenzung kann in der Praxis zu Schwierigkeiten führen. Während bei Anzahlungen die effektive Zahlung maßgebend ist, werden Anlagen im Bau zu Teilherstellungskosten bewertet, die bis zum Bilanzstichtag angefallen sind.

Der Ausweis unter den Anlagen im Bau kommt bei Gebäuden regelmäßig nur in Betracht, wenn das bilanzierende Unternehmen auf eigenem Grund und Boden Anlagen erstellt oder als Bauherr auftritt. Liegt dagegen z.B. der Erwerb eines schlüsselfertigen Gebäudes auf einem fremden Grundstück vor, so sind Zahlungen an den Veräußerer (Bauunternehmer), Generalunternehmer) als geleistete Anzahlungen zu aktivieren.

Praxis-Beispiel
Im Jahr 01 wurde für einen geplanten Gebäudebau eine erste Anzahlung in Höhe von 20.000 EUR geleistet. Diese Anzahlung ist als Anzahlung auf Anlagen zu aktivieren. Etwas später erfolgte eine zweite Zahlung in Höhe von 40.000. EUR. Dieser Betrag wird nun, da sich das Gebäude bereits im Bau befindet, direkt unter Anlagen im Bau aktiviert. Des Weiteren wurden versehentlich Material- und Planungskosten in Höhe von 30.000 EUR direkt als Aufwand verbucht. Für Eigenleistungen des Personals sind Kosten in Höhe von weiteren 40.000 EUR ermittelt worden. Diese Beträge sind ebenfalls zu aktivieren.

Nachträgliche Aktivierung durch Umbuchungen:

Anlagen im Bau		20.000 EUR
an	Anz. auf Anlagen	20.000 EUR
Anlagen im Bau		30.000 EUR
an	Planungs- und Materialaufwand	30.000 EUR
Anlagen im Bau		40.000 EUR
an	andere aktivierte Eigenleistungen	40.000 EUR

Abschreibungen auf Anlagen im Bau bzw. Geleistete Anzahlungen

Anlagen im Bau werden -ebenso wie Anzahlungen - handelsrechtlich nicht planmäßig abgeschrieben, da eine Verrechnung von Aufwand vor Beginn der Nutzung nicht zulässig ist. Jedoch ist es möglich außerplanmäßige Abschreibungen vorzunehmen.

Praxis-Beispiel
Aufgrund eines Brandes wird ein Rohbau erheblich beschädigt (30.000 EUR).

Außerplanmäßige Abschr. auf Sachanlagen 30.000 EUR

- -

an Anlagen im Bau 30.000 EUR

Umbuchung nach Fertigstellung

Anlagen im Bau sind in dem Geschäftsjahr umzubuchen, in dem sie fertiggestellt bzw. zum Betrieb bereit sind. Soweit Anzahlungen auf Vermögensgegenstände geleistet wurden, erfolgen die Umbuchungen in dem Geschäftsjahr, in dem die wirtschaftliche Verfügungsgewalt über die angezahlten Gegenstände erlangt wird.

Anlagen im Bau sind also nach ihrer Fertigstellung auf die entsprechende Position des Anlagevermögens umzubuchen. Allerdings sind nicht nur die Anschaffungs- und Herstellungskosten umzubuchen, sondern ggf. bereits vorgenommene Ab- und Zuschreibungen. Im Geschäftsjahr der Fertigstellung können weitere Herstellungskosten wie folgt dargestellt werden:

- als Zugang bei Anlagen im Bau und dann alles umbuchen oder
- direkt als Zugang auf die Sachanlageposition, auf die umgebucht wird.

Praxis-Beispiel
Zur Jahresmitte 02 wird das Gebäude fertiggestellt. Zuvor sind weitere Herstellungskosten in Höhe von 50.000 EUR angefallen.
Aus Vereinfachungsgründen werden diese Herstellungskosten direkt auf Gebäude gebucht. Der Buchwert des im Bau befindlichen Gebäudes betrug zum Jahresanfang 02 von 100.000 EUR. Dieser Wert wird von "Anlagen im Bau" auf "Gebäude" umgebucht.

Gebäude 50.000 EUR

- -

an Bank 50.000 EUR
Gebäude 100.000 EUR

- -

an Anlagen im Bau 100.000 EUR

BGA	IKR	SKR03	SKR04	Kontenbezeichnung (SKR)
036	095	0120	0710	Geschäfts-, Fabrik- und andere Bauten. im Bau
0363	095	0180	0740	Geschäfts-, Fabrik- und andere Bauten. im Bau auf fremden Grundstücken
0364	095	0195	0755	Wohnbauten im Bau
0365	095	0290	0770	Technische Anlagen und Maschinen im Bau
0366	095	0290	0785	Betriebs- u. Geschäftsausstattung im Bau

Fortschreiben des Inventars

Nachdem Sie Neuzugänge bewertet und abgeschrieben haben, prüfen Sie das Altinventar:

Sind sämtliche Gegenstände noch vorhanden?

Man sollte es nicht glauben, aber in manchen Inventarverzeichnissen schlummern nicht mehr vorhandene Gegenstände mit ihrem Erinnerungswert. Buchen Sie diese aus, wenn die Gegenstände tatsächlich nicht mehr im Betriebsvermögen sind.
Eine größere Bedeutung haben verschrottete Maschinen oder in Zahlung gegebene Pkws, die weiter abgeschrieben werden. Hier liegt der Buchwertabgang zum Teil beträchtlich höher als die reguläre Jahres-AfA. Auch könnte der Verkaufserlös von Anlagegüter zwar erfasst sein, der Buchwertabgang jedoch nicht. Überprüfen Sie die Daten und veranlassen Sie entsprechende Korrekturen.

Wurden in der Vergangenheit Abschreibungen vergessen?

Auch hier kann sich eine Überprüfung lohnen. Vorausgesetzt, dass keine Willkür dahinter steckt oder die Absicht, in späteren Jahren Steuern zu sparen, können Sie die unterlassenen Abschreibungen nachholen. Die vergessene Abschreibung wird auf die restliche Nutzungsdauer verteilt.

Praxis-Beispiel:
Am 31.1.01 haben Sie einen Pkw zum Preis von 40.000 EUR angeschafft. Sie entdecken den Fehler zum Jahresabschluss 31.12.03. Folge des Fehlers: Die Anschaffungskosten sind auf die verbleibende Nutzungsdauer von vier Jahren abzuschreiben.

Buchwert laut Bilanz zum 31.12.02 =		40. 000 EUR
verbleibende Nutzungsdauer 4 Jahre, Jahres-AfA 03 somit 40.000 EUR / 4 Jahre	=	10.000 EUR
Abschreibung in 03	=	10.000 EUR
Bilanzwert 31.12.03	=	30.000 EUR
Abschreibung in 04	=	10.000 EUR
Bilanzwert 31.12.04	=	20.000 EUR
Abschreibung in 05	=	10.000 EUR
Bilanzwert 31.12.05	=	10.000 EUR
Abschreibung in 06	=	9.999 EUR
Bilanzwert 31.12.06	=	1 EUR

Jeweils zum Jahresabschluss der Jahre 02, 03, 04 und 05 wird gebucht:

AfA auf Sachanlagen	10.000 EUR
an Fahrzeuge	10.000 EUR

Nachträgliche Anschaffungskosten

Werden nach der Anschaffung oder Herstellung eines Wirtschaftsguts an diesem Maßnahmen durchgeführt, die zu aktivierungspflichtigen Aufwendungen führen (nachträgliche Anschaffungs- oder Herstellungskosten), ändert sich nicht nur der Buchwert des Wirtschaftsguts, sondern auch die Bemessungsgrundlage für die Abschreibungen. Dies geschieht unterschiedlich für bewegliche und immaterielle Wirtschaftsgütern einerseits und Gebäuden andererseits.

Bewegliche und immaterielle Wirtschaftsgüter des Anlagevermögens werden nach der tatsächlichen Nutzungsdauer abgeschrieben. Nachträgliche Anschaffungs- oder Herstellungskosten erhöhen den Restbuchwert zu Jahresbeginn. Die Summe bildet die neue Bemessungsgrundlage für die Abschreibungen in der Restnutzungsdauer.

Praxis-Beispiel
Sie erwerben ein Jahr nach der Anschaffung Ihrer EDV-Anlage (Kaufpreis 10.000 EUR) zur Datensicherung einen Streamer. Durch den Einbau des Streamers stellt dieses zusätzliche Teil mit seinem Anschaffungspreis und eventueller Montagekosten nachträgliche Anschaffungskosten der Anlage dar.

Anschaffung zum am 3.1.01
EDV Anlage 10.000 EUR
Vorsteuer 1.900 EUR

---

an Bank 11.900 EUR
Abschreibung am 31.12.01, 1. von 4 Jahren
Abschreibung auf Sachanlagen 2.500 EUR

---

an EDV Anlage 2.500 EUR
Nachträgliche Anschaffungskosten von 750 EUR
für die Bandsicherung
EDV Anlage 750 EUR
Vorsteuer 143 EUR

---

an Bank 893 EUR
Rückwirkend zum Jahresbeginn beträgt der Buchwert der Anlage somit 7.500 EUR + 750 EUR = 8.250 EUR

Abschreibung am 31.12.02, 1. von der Restnutzungsdauer von 3 Jahren
Abschreibung auf Sachanlagen 2.750 EUR

---

an EDV Anlage 2.750 EUR

Gebäude

Wenn bei Gebäuden mit den typisierten Sätzen des § 7 Abs. 4 und 5 EStG (3%, 2,5% oder 2%) abgeschrieben wird, können nachträgliche Anschaffungs- und Herstellungskosten nicht auf die obige Weise umgelegt werden. Stattdessen rechnet man als neue Bemessungsgrundlage die nachträglichen Kosten zu den ursprünglichen hinzu und verlängert entsprechend die Abschreibungsdauer (33, 40 oder 50 Jahre).

Praxis-Beispiel
An einem im Jahr 01 für 400.000 EUR errichteten Betriebsgebäude fallen im Jahr 02 weitere Herstellungskosten in Höhe von 100.000 EUR an. Der Buchwert zum 31.12. 02 beträgt 388.000 EUR.
Die Abschreibungen aus der Summe der ursprünglichen und nachträglichen Herstellungskosten (= 500.000 EUR) mit 3 % zu bemessen.

			Buchwert
Anschaffung	01	400.000	400.000
AfA	01		-12.000
Buchwert	31.12.01		388.000
Nachträgliche HK	02	100.000	100.000
Buchwert	01.01.02		488.000
AfA-Bemessungsgrundlage		500.000	

Die Restnutzungsdauer beträgt wieder mindestens 33 Jahre.

AfA ab	02	3 %	-15.000
Buchwert	31.12.02		473.000

Abschreibungen 01 und in den Folgejahren:

Abschreibung		15.000 EUR
an	Gebäude	15.000 EUR

Zubehörgeräte

Zubehör, welches nicht schon bei Anschaffung eingebaut ist bzw. unmittelbar nach Anschaffung eingebaut wird, gilt als eigenständiges Wirtschaftsgut, sofern es leicht wieder - wie hier aus dem Kfz - entfernt werden kann (BFH, Urteil v. 20.2.1997, III B 98/96, BStBl. 1997 II S. 360).

Praxis-Beispiel
Unternehmer U erwirbt für betriebliche Zwecke einen Firmen-Pkw. Nach einem Jahr baut er ein Navigationsgerät (Anschaffungskosten 2.000 EUR zzgl. USt) und eine Freisprechanlage (Anschaffungskosten 150 EUR zzgl. USt) in das Fahrzeug ein.
Das Navigationsgerät (AfA-Tabelle: Funktelefon) ist auf 5 Jahre abzuschreiben. Die Freisprechanlage kann als geringwertiges Wirtschaftsgut sofort abgeschrieben werden

Funkanlage		2.000 EUR
GWG		150 EUR
Vorsteuer		409 EUR
an	Bank	2.559 EUR

Können Sie den Nutzungszeitraum kürzen?

Stellen Sie bei einem Anlagegut fest, dass seine tatsächliche Nutzungsdauer viel zu hoch angesetzt war, können Sie eine Änderung des Abschreibungsplanes vornehmen. Gründe für eine verringerte Nutzungsdauer und damit der vorzeitige Ersatz einer Anlage können sich ergeben aufgrund:

- des erhöhten Verschleißes einzelner Bestandteile,
- Fehleinschätzung von Umwelteinflüssen wie Nässe, Hitze, Licht, Abgase, Chemikalien etc.,
- unerwartet vieler Reparaturen,
- absehbarer technischer Überalterung (v.a. bei Computer, Telefon),
- erhöhten Verbrauchs an Roh-, Hilfs- und Betriebsstoffen (z.B. Kühlmittel bei Fräsmaschinen)
- des unerwarteten Qualitätsverlustes und mangelnder Zuverlässigkeit der gefertigten Arbeiten
- stärkerer Inanspruchnahme als ursprünglich geplant. Aber: Eine um 25 % erhöhte lineare AfA bei Zweischichtbetrieb bzw. 50 % bei Dreischichtbetrieb reicht nicht aus als Begründung.
- der Beeinträchtigung durch außergewöhnliche Ereignisse z.B. teilweise Zerstörung durch Brand, Überschwemmung oder Explosion.

Alternativ können Sie die verkürzte Nutzungsdauer berücksichtigen, indem Sie den Restbuchwert auf die Restnutzungsdauer (linear) verteilen oder die bislang zu wenig vorgenommenen Abschreibungen nachholen (außerplanmäßige Abschreibung). Der danach verbleibende Restbuchwert wird auf die neu ermittelte Restlaufzeit verteilt.

Praxis-Beispiel
Die Anschaffungskosten einer Maschine betragen 60.000 EUR, die geplante Nutzung 10 Jahre. In den ersten 5 Jahren wurde die Maschine in der Summe linear mit 30.000 EUR abgeschrieben (= 6.000 pro Jahr). Im 6. Jahr stellt sich heraus, dass die Maschine nur noch drei Jahre genutzt werden kann (also insgesamt nur 8 statt 10 Jahre). Der Restbuchwert beträgt zu diesem Zeitpunkt 30.000 EUR.

Verteilung des Restbuchwerts auf Restnutzungsdauer

Für die Jahre 6, 7 und 8 werden deshalb jeweils 30.000 EUR / 3 = 10.000 EUR angesetzt

Nachholung der Abschreibung

Wäre man von Anfang an von 8 Nutzungsjahren ausgegangen, wären jährlich 7.500 EUR Abschreibung zu buchen gewesen. Diese holen Sie nun über die außerplanmäßige Abschreibung nach:

Restbuchwert zu Anfang des 6.Jahres	30.000 EUR
Außerplanmäßige Abschreibung für 5 Jahre: (7.500 - 6.000) x 5	7.500 EUR
Restbuchwert nach Änderung der Nutzungsdauer	22.500 EUR
AfA für die Jahre 6, 7 u. 8 je 22.500 / 3	7.500 EUR

Wie Sie bemerken, betragen die Abschreibungen im 6. Jahr nach der ersten Methode 10.000 EUR, nach der zweiten Methode 15.000 EUR (7.500 regulär + 7.500 außerplanmäßig).

Bei einem möglichst hohen Abschreibungsbedarf sollten Sie also die außerplanmäßigen Abschreibungen in der Gewinn- und Verlustrechnung ansetzen. Beachten Sie aber, dass Sie dadurch möglicherweise die Aufmerksamkeit des Finanzamtes auf sich lenken und dem Beamten eine Begründung schulden, während durch stillschweigende Änderung der planmäßigen AfA in der Regel unbemerkt bleibt.

Liegt eine Wertminderung durch außergewöhnliche Abnutzung vor?

Ähnlich liegt der Fall, wenn Ihre Anlage einen Wertverlust durch Abnutzung erleidet, ohne dass eine Ersatzbeschaffung geplant ist. Auch hier besteht die Möglichkeit, eine außerordentliche Abschreibung vorzunehmen und den Restbuchwert auf die verbleibende Nutzungsdauer zu verteilen. Die Gründe für die Wertminderung sind die gleichen wie bei der Verkürzung der Nutzungsdauer. Es steht aber weniger eine wirtschaftliche, als eine technische Abnutzung im Vordergrund.

Praxis-Beispiel

1. Durch ein neues Produktionsverfahren kann eine technisch noch voll funktionsfähige Maschine nicht mehr lange eingesetzt werden. Die Nutzungsdauer verkürzt sich auf nur noch ein weiteres Jahr, da dann eine neue Anlage angeschafft werden muss.
2. Durch einen schweren Unfall verliert ein Firmenwagen trotz anschließender Reparatur erheblich an Wert. Der Pkw wird weiterhin wie geplant genutzt, die Wertminderung jedoch als außerplanmäßige Abschreibung erfasst.

Gibt es eine Wertminderung aus sonstigen Gründen?

Eine weitere Wertminderung, die nicht auf technischer oder wirtschaftlicher Abnutzung beruht, kann auch darin bestehen, dass ein fiktiver Erwerber im Zuge einer Betriebsveräußerung für einen Gegenstand nur einen niedrigeren Preis als den Buchwert zu zahlen bereit ist. Auf diesen fiktiven Wertansatz, den sogenannten Teilwert, dürfen Sie steuerlich abschreiben. Auch diese außerplanmäßige Abschreibung müssen Sie gegenüber dem Finanzamt erklären und nachweisen. Sind nämlich die Gründe für eine solche Teilwertabschreibung entfallen, müssen Sie steuerlich zwingend wieder zuschreiben. Einen Versuch wert sind Teilwertwertabschreibungen aus folgenden Gründen:

Die Wiederbeschaffungskosten für das Wirtschaftsgut sind erheblich unter den Buchwert gesunken.

Die Rentabilität des gesamten Unternehmens ist nachhaltig gesunken. Der fiktive Erwerber würde deshalb für die betreffende Maschine nicht den Buchwert zahlen (BFH, Urteil v. 13.04.1983, BStBl 1983 II, S.667).

Die Anschaffung des betreffenden Gegenstandes war von Anfang an eine Fehlentscheidung. Auch für den Erwerber würde es keinen Sinn machen, zum Buchwert zu übernehmen (BFH, Urteil v. 17.09.1987, BStBl 1988 II, S.488).

Paradoxerweise sind Sie bei einer dauerhaften Wertminderung sogar verpflichtet, eine Teilwertabschreibung im Jahr des Eintritts der Minderung vorzunehmen.
Wenn Sie dem Irrtum unterliegen und die Abschreibung steuerlich für unzulässig halten, sollten Sie die Teilwertabschreibung zum nächstmöglichen Bilanzstichtag, an dem eine Berichtigung vorgenommen werden kann, nachholen. Im Zweifelsfall irren Sie demnach besser zu Ihren Gunsten, also durch den Ansatz einer - wie es sich im Nachhinein erweisen mag - nicht zulässigen Teilwertabschreibung.

Zuschreibungspflicht

Seit 1999 gilt steuerlich ein Wertaufholungsgebot für den Fall, dass die Voraussetzungen für eine Teilwertabschreibung wegen voraussichtlich dauernder Wertminderung am betreffenden Bilanzstichtag nicht (mehr) vorliegen. In früheren Jahren vorgenommene Teilwertabschreibungen sind somit in der ersten Bilanz nach Wegfall der Gründe wieder durch Zuschreibung rückgängig zu machen.

Praxis-Beispiel
Die Y-GmbH kaufte Anfang 01 für 200.000 EUR eine Maschine und schrieb diese

folgendermaßen ab:

Anschaffungskosten 01	200.000 EUR	
./. AfA 01: 20 % von 200.000 EUR	40.000 EUR	
./. AfA 01: 20 % von 200.000 EUR	40.000 EUR	
Buchwert 31.12.02 laut ursprünglichem Abschreibungsplan		120.000 EUR
./. Teilwertabschreibung 02	90.000 EUR	
Buchwert 31.12.02	30.000 EUR	
a) ./. AfA 2003: 30.000 EUR : 3	10.000 EUR	
Buchwert 31.12.03	20.000 EUR	
b) ./. reguläre AfA 03: 20 % von 200.000 EUR		./. 40.000 EUR
Buchwert 31.12.03		80.000 EUR

Ist der Teilwert aufgrund einer dauernden Wertminderung höher als der Wert laut ursprünglichem Abschreibungsplan, so ist wieder auf diesen alten Wert zuzuschreiben.

Im Jahr 03 entfällt der Grund für die in 02 vorgenommene Teilwertabschreibung. Sie müssen also steuerlich zuschreiben.

Die Zuschreibung von 20.000 EUR (Buchwert a) auf den regulären Buchwert von 80.000 EUR (Buchwert b) bewirkt eine Gewinnerhöhung von 60.000 EUR.

Maschine		60.000 EUR
an	Zuschreibungen	60.000 EUR

Der Streit in späteren Betriebsprüfungen um Teilwertansätze ist schon vorprogrammiert.

Sie sind gezwungen, für jedes Objekt, für das Sie eine Teilwertabschreibung in Anspruch nehmen, eine Art Schattenanlagenbuchhaltung zu führen, um die fortgeschriebenen Werte nach Teilwertabschreibung vergleichen zu können mit den Werten, die sich ohne Teilwertabschreibung ergeben hätten.

Bei Gebäuden erhöht sich wie bei nachträglichen Anschaffungs- und Herstellungskosten die Bemessungsrundlage nicht auf den Restbuchwert sondern auf den ursprünglichen Wert vor der Teilwertabschreibung (in der Regel Anschaffungs- oder Herstellungskosten sowie nachträglicher Kosten). Eine Schattenbuchhaltung mit Fortführung der planmäßigen Restbuchwerten erübrigt sich somit.

In den **IAS** werden zwei Möglichkeiten der Zuschreibung unterschieden:

- 1. Wertaufholung nach vorangegangener außerplanmäßigen Abschreibung (Write Up nach IAS 36.99)
- 2. Neubewertung über die ursprünglichen Anschaffungs-/Herstellungskosten hinaus (Revaluation nach IAS 16.29 und 38.64)

Die Wertaufholung ist nach **IAS** für alle Unternehmensformen geboten, nicht nur für Kapitalgesellschaften wie nach HGB. Dem Ausweis nach deutschen Handelsrecht zuwider aber läuft die Möglichkeit der Neubewertung über die Anschaffungs-/Herstellungskosten hinaus. Diese Wahlrecht ist innerhalb einer Gruppe von Anlagengütern jeweils einheitlich auszuüben. Im Gegensatz zur Wertaufholung bildet man hier eine erfolgsneutrale Neubewertungsrücklage auf der Passivseite der Bilanz (revaluation surplus), die ggf. über die Folgejahre abgeschrieben bzw. bei Veräußerung des Anlagegegenstandes vollständig aufgelöst wird.

Bilanzberichtigungen bei Eröffnung

Der Grundsatz der Bilanzidentität fordert, dass die Eröffnungsbilanz mit der Schlussbilanz übereinstimmen muss.
Dies gilt auch für fehlerhafte Ansätze, wenn die Schlussbilanz aus steuerlichen Gründen nicht mehr geändert werden kann. Die Richtigstellung holt man in diesen Fällen in der ersten änderbaren Schlussbilanz nach und zeigt dies dem Finanzamt an. Bereits fehlerhafte Eröffnungsbilanzwerte können in den nachfolgenden Eröffnungsbilanzen unter scheinbarem Bruch der Bilanzidentität geändert werden. Allerdings dürfen sich hierdurch keine steuerlichen Auswirkungen ergeben.
Um die Ergebnisse von Betriebsprüfungen in der Buchhaltung nachzuvollziehen, sind aus wirtschaftlichen Gründen nicht etwa sämtliche in Folge fehlerhaften Bilanzen, sondern nur die Jüngste zu berichtigten. Die steuerlichen Auswirkungen und neuen Bilanzansätze ergeben sich aus der Mehr- und Weniger-Rechnung des Finanzamtes. In der Praxis werden nur die Eröffnungsbilanzwerte angepasst.

Praxis-Beispiel
Bei der Betriebsprüfung wurde eine Teilwertabschreibung für das Bürogebäude in Höhe von 25.565 EUR nicht anerkannt. Da eine geänderte Jahresbilanz nur Kosten verursachen würde und Streit darüber, wer diese aufzubringen hat, erfolgt die Rücknahme der Abschreibung stillschweigend zur Eröffnungsbilanz.

Bürogebäude		25.565 EUR	
an	Eigenkapital bzw. Gewinnvortrag		25.565 EUR

Ab dem Jahresabschluss 2921 allerdings ist eine solche Kapitalanpassung in dem E-Bilanz-Modul "Steuerlicher Betriebsvermögensvergleich" offen zu legen.

Überprüfung der Finanzanlagen

Neben Wertpapiere des Anlagevermögens fallen unter die Kategorie Finanzanlagen auch Beteiligungen und Ausleihungen. Da sich Finanzanlagen nicht abnutzen und im Betriebsablauf kaum eine Rolle spielen, tauchen sie meist nur am Bilanzstichtag aus der Versenkung auf. Dann sollte aber nicht nur geprüft werden, ob sie überhaupt noch vorhanden sind, sondern auch, wieviel sie noch wert sind. Hierbei sind nicht nur Wertverluste interessant, die steuermindernd geltend gemacht werden können, sondern auch eventuelle Wertsteigerungen. Wenn z.B. der Börsenkurs Ihres Aktienpakets im Vergleich zum Vorjahr gestiegen ist, müssen Sie aus steuerlichen Gründen wieder auf den Wert vor dieser Teilwertabschreibung aus dem Vorjahr zuschreiben.
Den Wert börsennotierter Aktien entnehmen Sie einfacherweise der Zeitung (die Abschreibung erfolgt auf den Börsenkurs plus anteiliger Bank- und Maklerprovisionen).

Bewertung von GmbH-Anteilen

Die Bewertung von GmbH-Anteilen ist ungleich schwieriger, das sollten Sie in Absprache mit Ihrem Steuerberater tun. Hier ein paar Anregungen:

Eine außerplanmäßige Abschreibung kommt nur dann in Betracht, wenn sich die Beteiligung als eine Fehlentscheidung zur Zeit der Anschaffung erweist oder sie am Bilanzstichtag billiger als seinerzeit zu haben wäre.
So liegt eine Fehlmaßnahme vor, wenn z.B.

- durch die Beteiligung erwartete Geschäftsbeziehungen zu wichtigen Kunden oder Lieferanten ausgeblieben sind oder diese sich wegen der neuen Beteiligung zurückgezogen haben,
- politische Ereignisse eine Auslandsbeteiligung blockieren,
- wegen Konjunktureinbruch oder falscher Preispolitik Umsatz und Ertrag unerwartet nachgeben.

Keine Fehlmaßnahme liegt vor, wenn bisherige Verluste und Mängel beim Management sowie sich abzeichnende politische Änderungen u.Ä. bekannt waren. Ebenso muss vernünftigerweise in den Anfangsjahren eines neuen Unternehmens mit Anlaufverlusten gerechnet werden.
Im Laufe der Zeit kann der Wert einer Beteiligung unter die Anschaffungskosten sinken. Maßgeblich ist hier der Teilwert der Beteiligung, also der Preis, den ein fiktiver Käufer des gesamten Unternehmens für Ihren Anteil zahlen würde. Wenn Anteile in jüngs-

ter Vergangenheit verkauft wurden, können Sie diesen Preis daraus ableiten. Ansonsten ist eine Kombination aus Substanz- und Ertragswert steuerlich anerkannt. Die untere Grenze der Bewertung liegt beim Liquidationswert - jedoch nur dann, wenn das Unternehmen tatsächlich zerschlagen werden soll.
Verluste allein rechtfertigen also keine Teilwertabschreibung bei einer Kapitalgesellschaft. Entweder müssen sich die Ertragsaussichten auf unabsehbare Zeit verschlechtern oder aber es wurden dem Unternehmen erhebliche Vermögenswerte (etwa durch Ausschüttung) entzogen. Dann kommen Sie bei Ihrem erlittenen Vermögensschaden zumindest in den Genuss dieser Abschreibungen.

Beteiligungen an einer Personengesellschaft

Für Beteiligungen an einer Personengesellschaft gilt etwas anderes: Eine Teilwertabschreibung eines Mitunternehmeranteils ist grundsätzlich nicht zulässig, da nach einhelliger Meinung der Bilanzierungsfachleuten der Wert der Beteiligung stets mit dem Kapitalkonto übereinstimmt.

Anlagenabgänge

Noch nicht erfasste Anlagenabgänge sind Geschäftsvorfälle der laufenden, unterjährigen Buchhaltung. Kopieren Sie Verkaufsrechnung, Entnahmebeleg, Hinweis auf Inzahlungnahme o.Ä. und buchen Sie ggf. nach.

Verkäufe und Entnahmen von Anlagegegenständen sind in zwei Buchungen zu berücksichtigen:

1. Der Verkaufserlös bzw. Entnahmewert wird auf einem Ertragskonto wie „Erlöse aus Anlagenverkäufen“, „Entnahme von Gegenständen“, „Erträge aus dem Abgang von Anlagegegenständen“ gebucht. Ist der Verkauf bereits auf einem anderen Erlöskonto erfasst, so buchen Sie um.

2. Der Wert des Gegenstandes auf dem Anlagekonto (Buchwert) ist als Aufwand auszubuchen.Der Buchungssatz lautet hier: „Buchwertabgang“ an „Anlagenkonto“.

Praxis-Beispiel

Verkauf eines Pkws zu einem Preis, der über dem Buchwert liegt.

	Buchwert	2.000,00 EUR
	Verkaufserlös (netto)	3.500,00 EUR
	Buchgewinn	1.500,00 EUR
Bank		4.060,00 EUR
an	Erlöse a. Anlageverkäufe (Buchgewinn)	3.500,00 EUR
Umsatzsteuer		560,00 EUR
Anlagenabgänge (Buchgewinn)		2.000,00 EUR
an	Pkw	2.000,00 EUR

BGA	IKR	SKR03	SKR04	Kontenbezeichnung (SKR)
271	5141	8820	4845	Erlöse Anlagenverkäufe 19 % USt, Buchgewinn
271	5141	8801	6885	Erlöse Anlagenverkäufe 19 % USt, Buchverlust
204	6962	2315	4855	Anlagenabgang Restbuchwert, Buchgewinn
204	6962	2310	6895	Anlagenabgang Restbuchwert, Buchverlust

Der Buchwert ist der Restwert in der Buchhaltung, den das Anlagegut nach Abschreibungen für die vergangene Nutzung und eventuell nach einem außerordentlichen Wertverlust noch hat. Der „Wert in den Büchern" muss nicht dem Wert entsprechen, der bei einem Verkauf zu erzielen ist. Bei einem Buchgewinn liegt der Verkaufserlös höher als der Restwert des Anlagegutes, bei einem Buchverlust erzielt der Verkauf weniger als dessen Restwert.

Woher nimmt man den Buchwert des Anlagegutes im Zeitpunkt des Verkaufs?

Ausgehend vom Wertansatz im letzten Jahresabschluss sollten die zeitanteiligen monatlichen Abschreibungen bis zum Verkauf berücksichtigt werden. Sie erhalten den Restbuchwert durch Fortführung von monatlich 1/12 der Jahresabschreibungen. Aber auch ohne Ansatz der anteiligen Abschreibungen geht keine Betriebsausgabe verloren. Sowohl der Buchwertabgang als auch die Abschreibungen stellen Aufwand dar. Da die Buchung der Abschreibungen den Restbuchwert um den gleichen Betrag vermindert, ändert sich somit insgesamt nichts am Betriebsergebnis.

Entnahme eines Anlageguts

Die Entnahme eines Anlageguts durch den Unternehmer wird als so genannte Unentgeltliche Wertabgabe (Eigenverbrauch) verbucht:

- Eine unentgeltliche Entnahme in voller Höhe,

bei einer „verbilligten“ Entnahme die Differenz zum Marktwert.

Praxis-Beispiel
Verkauf des abgeschriebenen Firmenwagens an die Tochter des Unternehmers. Sie hat bereits 500 EUR in bar gezahlt. Diese Zahlung wurde jedoch nicht als umsatzsteuerpflichtiger Erlös, sondern als Privateinlage erfasst. Der Marktwert laut Gebrauchtwagenliste beträgt noch 2.900 EUR inkl. USt.

Privateinlage 500,00 EUR

---

an Erlöse aus Anlageverkäufen 500,00 EUR

Unentgeltliche Wertabgaben 2.400,00 EUR

---

an Erlöse aus Wertabgaben 2.400,00 EUR

Buchwertabgang (Buchgewinn) 1,00 EUR

---

an Pkw 1,00 EUR

BGA	IKR	SKR03	SKR04	Kontenbezeichnung (SKR)
8711	5421	8915	4610	Entnahme von Ggst. 7 % USt §1 I 2a UStG
8712	5422	8910	4620	Entnahme von Ggst. 19 % USt §1 I 2a UStG

Anlagenverwaltung

Die letzten beiden Kapitel machen Sie fit für die Verwaltung Ihrer Anlagegüter. Mit der ausführlichen Beschreibung aller Vorgänge einer Anlagenbuchhaltung und den angebotenen EDV-Lösungen haben Sie Ihre eigene Anlagenverwaltung schnell im Griff. Zunächst finden Sie verschiedene einfache Lösungen für eine Anlagenverwaltung auf Papier und als EXCEL™-Dateien.

Ein kurzer Überblick für Sie:

Mit der Anlagenverwaltung als eine Nebenbuchführung werden alle Bewegungen der Anlagegüter Ihres Unternehmens erfasst und ausgewertet, sowie die Abschreibungssummen für die Finanzbuchhaltung ermittelt. Als Mindestbestandteile sind das Anlagenverzeichnis und der Anlagenspiegel detailliert beschrieben:

Im Anlagenverzeichnis sind die Stammdaten (z.B. Inventarnummer, Lieferant, Anschaffungsdatum und -kosten , Abschreibungsart) aller Anlagegüter hinterlegt, wobei gleichartige Anlagegüter zu Anlagegruppen zusammengefasst werden können.

Der Anlagenspiegel (Kapitalgesellschaften) zeigt die Werteentwicklung von den historischen Anschaffungs- oder Herstellungskosten über die Abschreibungen und ggf. Zuschreibungen bis zum Buchwert am Ende des Wirtschaftsjahres. Berücksichtigt werden müssen dabei alle Zu- oder Abgänge und auch evt. Umbuchungen bei z.B. Fertigstellungen von zuvor als Anlagen im Bau erfassten Anlagegüter.

Falls Sie Ihre Anlagenbuchhaltung ohne EDV-Unterstützung führen, finden Sie im Anhang Vorlagen für eine Anlagenkarte, einen Inventarbogen, eine Abschreibungsliste und einen Anlagenspiegel.

Auf **www.richtigkontieren.de/anlag/tools** finden Sie einige EXCEL™-Dateien, die Ihnen die Arbeit bei den Berechnungen, Überträgen und Auswertungen abnehmen.

Auf den EXCEL TM-Blättern der Inventarkarte legen Sie für jedes Anlagegut eine elektronische Anlagenkartei an. Der betreffende Abschreibungsplan wird automatisch berechnet.

Der umfangreichere EXCEL™-Bruttoanlagenspiegel mit den historischen Anschaffungs-/Herstellungs-kosten sowie den kumulierten Abschreibungen sind den Kapitalgesellschaften (GmbH, AGs, Ltd. u.a.) vorbehalten. Sie finden ihn verkürzt auf 8 Spalten und den komplett mit 15 Spalten.

Deshalb finden Sie auch zusätzlich einen einfachen Anlagenspiegel bei wenigen Anlagegüter für den Einsatz im Einzelunternehmen.

Innerhalb der Finanzbuchhaltung im engeren Sinn können die gesetzlich vorgeschriebenen detaillierten Angaben zu den einzelnen Anlagegütern nicht erfasst werden. Deshalb werden in der Anlagenbuchhaltung als Nebenbuchführung des betrieblichen Rechnungswesens die Zugänge, Abgänge und Abschreibungen sämtlicher Anlagegüter eines Unternehmens aufgezeichnet.

Ziele der Anlagenbuchführung sind, die Kontrolle über Verbleib und Verwendungen von Anlagegütern sowie den Überblick über die Wertentwicklung sicherzustellen. Daneben ist auf diese Weise die jährliche Abschreibung nachzuweisen und die steuerliche und handelsrechtliche Verpflichtung zur Bestandsaufnahme durch das Anlagenverzeichnis zu erfüllen. Aus dem Zahlenmaterial der Anlagenbuchhaltung werden zum einen die Finanz- und Betriebsbuchhaltung versorgt (z.B. Abschreibungssummen und kalkulatorische Kosten der einzelnen Anlagekonten) und zum anderen gesetzlich vorgeschriebene Auswertungen erstellt, wie zuvorderst der Anlagenspiegel nach § 268 II HGB.

Anlagenverzeichnis

Bei einem Anlagenverzeichnis. auf Papier werden sämtliche Wirtschaftsgüter auf Inventarbögen oder Karteikarten aufgezeichnet. In der EDV-Anlagenbuchhaltung entspricht der Stammdatensatz für jedes einzelne Wirtschaftsgut einer herkömmlichen Inventarkarte der Anlagenkartei. An dieser Stelle soll noch nicht auf eine EDV-Anlagenbuchhaltung eingegangen, sondern stattdessen ein Inventarbogen. verwendet werden. Das Abstimmen und Fortführen der Anlagegüter wird nach dem gleichen Schema durchgeführt. Lediglich Rechenarbeit und Auswertungen sind per Hand zu erledigen - für ein Verzeichnis bis zu 50 Anlagegütern angesichts der Softwarekosten durchaus zumutbar. Sie finden im Anhang einen Blanko-Anlagebogen als Kopiervorlage für Ihr Anlagenverzeichnis (ggf. auf A3 zu vergrößern) sowie einen EXCEL™-Bogen.

Anlagengruppen

In Anlehnung an die handelsrechtliche Bilanzgliederung werden Anlagengruppen für gleichartige Wirtschaftsgüter gebildet. Lassen Sie genügend Platz für Software, Grundstücke, Gebäude, Maschinen, Fahrzeuge, Geschäftsausstattung, Geringwertige Wirtschaftsgüter, Anlagen im Bau, Vorführwagen usw., um auch für Neuanschaffungen in den Folgejahren zugehörige Anlagegüter gruppieren zu können.

Folgende Felder sind im Anlagebogen auszufüllen:

Inventarnummer: Beim Neuzugang wird die nächste freie Inventarnummer vergeben, die einen Hinweis auf das entsprechende Konto in der Finanzbuchhaltung geben könnte.

- **Gegenstand:** Anstelle des Gattungsbegriffs sollte hier eine eindeutige Bezeichnung des Anlagegutes stehen, um ggf. auch mehrere gleiche Gegenstände unterscheiden zu können. z.B. „Mercedes Sprinter“ anstatt „Transporter“.
- **Standort, Fabrik-/Seriennummer:** Diese zwei Angaben erleichtern die Bestandsaufnahme insbesondere dann, wenn eine Inventurliste nach den jeweiligen Standorten erstellt werden kann. Zwei Maschinen gleichen Typs können über die Maschinennummer schnell unterschieden werden.
- **Lieferant:** Der Zugriff auf den Kaufbeleg und weitere Vertragsunterlagen ist durch diese Angabe schneller möglich. In Garantiefällen und bei Ersatzbeschaffungen weiß man auch, an wen man sich wenden oder ggf. wen man nicht mehr berücksichtigen sollte.

Anschaffungsdatum: Dieses Datum muss nicht mit dem Rechnungsdatum übereinstimmen. Entscheidend für den Beginn des Abschreibungszeitraums ist der Zeitpunkt, ab dem Sie das Wirtschaftsgut bestimmungsgemäß nutzen können. Bei den Eilkäufen von Firmenwagen zum Jahreswechsel z.B. ist ein Abschreibungsbeginn noch im alten Jahr nur dann sichergestellt, wenn das Fahrzeug fahrbereit bereits am 31.12. auf Ihrem Hof steht.

Abschreibungsart

Gegenstände des Anlagevermögens können während ihrer Nutzung im Betrieb Wertminderungen unterliegen. Für neu angeschaffte Vermögensgegenstände kann das Abschreibungsverfahren grundsätzlich frei gewählt werden. Werden sie aber nach einem anderen Abschreibungsverfahren abgeschrieben als die anderen gleichen oder gleichartigen bereits im Betrieb verwendeten Anlagegegenstände, so müssen Kapitalgesellschaften den Wechsel im Anhang. angeben und begründen.

Anschaffungskosten/Herstellungskosten

Dieser Betrag bildet die Grundlage für die späteren Abschreibungen. Dazu gehören sowohl alle Aufwendungen zum Erwerb des Gegenstandes als auch solche, die ihn in einen betriebsbereiten Zustand versetzen. Nebenkosten wie Fracht, Montagekosten gehören dazu, wie auch nachträgliche Kosten, sofern sie dem Anlagegut einzeln zugerechnet werden können. Hierbei ist zu beachten, die Anschaffungskosten möglichst gering zu halten. Denn nicht zurechenbare Aufwendungen können Sie sofort ohne Umweg der Abschreibung direkt als Aufwand geltend machen. Vergessen Sie umgekehrt nicht, nachträgliche Rabatte., Skonti und Zuschüsse von den Anschaffungskosten abzuziehen. Damit wird das Abschreibungsvolumen zwar verringert, dennoch ist es oft vorteilhafter, die Minderung über die Nutzungsdauer verteilt zu besteuern, als zu 100 % im Jahr der Anschaffung.

Fortführen des Inventarbogens

Auf dem abgedruckten Inventarbogen des Kleinbetriebs Bernhard Maas aus Neustadt sehen Sie Einträge zu Software, Pkw, Ladeneinrichtung und Betriebsausstattung.

Der Inventarbogen beginnt im Jahr 2020 mit Überträgen aus Vorjahren. Da nur wenige Anlagegegenstände vorhanden sind, erübrigt sich deren genaue Kennzeichnung Standort, Fabrik- und Seriennummer. Die Werte zu Beginn 01.01.2020 sollen zum Jahresabschluss 31.12.2020 fortgeführt, der Neuzugang des Jahres 2020 erfasst und mit der höchst möglichen AfA abgeschrieben werden. Die Erinnerungswerte liegen bei 1 EURO

- Auf dem Konto Pkw wird der am 1.10.2020 angeschaffte Audi eingetragen. Als Nutzungsdauer sind sechs Jahre angesetzt (entspricht der Amtlichen AfA-Tabelle). Da der Wagen im Oktober angeschafft wurde, betragen die Abschreibungen im Jahr nur 3/12 der Jahres-AfA. (3/12 von 469.000 EUR /6 Jahre = 2 875 EUR). Der Restbuchwert zum 31.12.2020 beträgt 66 125 EUR .
- Auf dem Konto Betriebsausstattung stehen die Ladeneinrichtung und die Drehmaschine. Sie sind bereits auf jeweils 1 Erinnerungswert abgeschrieben. Am 15.12.2020 wird die Drehmaschine für brutto 200 EUR verkauft.

Auf dem Konto 0690 als sonstige Betriebs- und Geschäftsausstattung (BGA) stammt ein Kopiergerät aus 2018. Das Kopiergerät hatte am 1.1.2020 noch einen Restwert von 1.286 EUR . Die lineare Jahres-AfA beträgt 367 bei einer Nutzungsdauer von 4 Jahren. Diese reguläre AfA wurde 2020 in voller Höhe angesetzt. In 2020 soll neben der planmäßigen AfA auch eine steuerliche Sonderabschreibung nach § 7g EStG (Mittelstands-AfA) vorgenommen werden. Sie beträgt 20 % der Anschaffungskosten = 294 EUR. Handels-rechtlich ist diese Abschreibung nicht zulässig.

Warum wurde beim neu angeschafften Pkw keine 7g-Abschreibung angesetzt?

Die Sonderabschreibung ist nur für Wirtschaftsgüter zulässig, die ausschließlich betrieblich genutzt werden. Herr Maas wird jedoch den Wagen oft privat fahren (Nutzung über 10 %).

- Von der Firma Aumat in Borschum wurde am 31.1.2019 eine gebrauchte Computeranlage gekauft. Die Anlage soll deshalb auf zwei Jahre abgeschrieben werden. Im Jahr 2020 sind AfA von 3.888,80 angesetzt. Beachten Sie, dass auf volle abgeschrieben wurde. Der Ansatz der gleichen AfA im Jahr 2020 führt zu einem Restbuchwert von 1.
- Auf dem Konto 0135 ist Software zu 5.000 Anschaffungskosten erfasst. Software kann nicht nach 7g EStG abgeschrieben werden. Bei Anschaffung im April 2020 sind nur 9/12 der Jahres-Abschreibung anzusetzen.

In der Buchhaltung des laufenden Jahres 2020 sind sämtliche Anschaffungen bereits gebucht sowie der Verkaufserlös für die Drehmaschine. Zu buchen bleiben noch:
Buchwertabgang der Drehmaschine

Buchwertabgang 1 EUR

---

an Maschinen 1 EUR

reguläre Abschreibungen

Abschreibungen Sachanlagen 6.930 EUR
Abschreibungen imm. WG 1.250 EUR

---

an Pkw 2.875 EUR
an Betriebs- und Geschäftsausst. 4.055 EUR
an Software 1.250 EUR
Sonderabschreibungen nach § 7g EStG
steuerl. Sonderabschreibungen 294 EUR

---

an Betriebs- und Geschäftsausst. 294 EUR

Anhand dieses Beispiels können Sie bereits die Bewegungen in Ihrem Anlagevermögen und die Abschreibungen aufzeichnen und anschließend verbuchen. Wenn noch Fragen offen bleiben, so finden Sie im vorangegangenen Abschnitt die nach dem HGB gegliederten Anlagegüter und weitere Abschreibungen nochmals im Einzelnen behandelt.

BGA	IKR	SKR03	SKR04	Kontenbezeichnung (SKR)
491	654	4830	6220	Abschreibungen auf Sachanlagen
4916	656	4850	6240	Abschreibungen auf Sachanlagen, steuerl. Sondervorschrift.
4915	655	4840	6230	Außerplanmäßige Abschreibunge.n auf Sachanlagen
492	651	4822	6200	Abschreibung immaterieller VG
204	6962	2315	4855	Anlagenabgang Restbuchwert, Buchgewinn
204	6962	2310	6895	Anlagenabgang Restbuchwert, Buchverlust

Jahr 2020						
Buchwert	Zugang/ Abgang	AfA	Rest-wert	Datum	Rest- wert	Verkaufs- erlös
01.01.20			31.12.15			
EUR ct	EUR ct	EUR ct	EUR ct		EUR	EUR ct
	69000,00	2875,00	66550,00			
	69000,00	2875,00	66550,00			
1,00			1,00			
1,00	-1,00		0,00	15.12.15	1,00	200,00
	§ 7g					
1286,00	-294,00	367,00	625,00			
3689,00		3688,00	1,00			
4975,00	-294,00	4055,00	626,00			
	5000,00	1250,00	3750,00			

Firma Bernhard klein, Neustadt							
Gegenstand	Mon.	Jahr	Lieferfirma	Anschaffung	Nutzwert	AfA	
						1. Jahr	
				EUR ct	Jahre	lin. o. degr.	EUR ct
Pkw							
Audi	10	2020	ABC-Autohaus	69000,00	6	lin.r.	3450,00
							Summe
Betriebsausstattung							
Ladeneinrichtung		2010		1,00			
Drehmaschine		2010		1,00			
							Summe
Betriebs- und Geschäftsausstattung							
Kopierer	7	2018	Copias	1470,00	4	lin.	367,00
Comp. gebr.	1	2019	Aumat	7377,80	2	lin.	3688,80
							Summe
					3		
Software	4	2020	Def.Sol	5000,00		lin.	1250,00

Anlagenspiegel

Kapitalgesellschaften haben im Anhang einen Anlagenspiegel (Anlagengitter) aufzunehmen. Der alternative Ausweis innerhalb der Bilanz ist ab 2016 nicht mehr vorgesehen. In diesem Rechenwerk ist die Entwicklung des Anlagevermögens im Laufe des Jahres dargestellt. In der nach § 284 Abs. 3 HGB geforderten Gliederung genügt es, die Entwicklung der einzelnen Anlageposten darzustellen. Hier sind gleichartige Vermögensgegenstände zusammenzufassen. Steuerliche Abschreibungen finden hier keinen Ansatz mehr

Kleine Kapitalgesellschaften müssen nach § 274a Nr. 1 HGB keinen Anlagenspiegel erstellen. Auch wenn lediglich eine handelsrechtliche Verpflichtung für Kapitalgesellschaften besteht, fordert das Finanzamt regelmäßig von allen Unternehmen mit der E-Bilanz einen Anlagenspiegel.

IAS und US-GAAP:
Der Anlagenspiegel ist ein wesentlicher Bestandteil der erklärenden Notes. Während die US-GAAP APB-Opinion 22 (Disclosure of Accounting Policies) nur allgemeine Regelungen enthält, nennt die IAS 1 unter Tz.91 Zweck und Gliederung der Notes.

Anschaffungs-/ Herstellungskosten (AHK)

In dieser Spalte sind die historischen Werte sämtlicher zu Beginn des Wirtschaftsjahres (Wj.) vorhandenen Anlagegüter erfasst. In diesen Summen ist demnach abzulesen, von welchen Anschaffungs- und Herstellungskosten ursprünglich abgeschrieben wurde. Tragen Sie diese Werte aus dem Vorjahr vor.

Außerdem sind seit 2016 für die Herstellungskosten bei jedem Posten des Anlagevermögens die aktivierten Zinsen für Fremdkapital anzugeben. Diese Angabe muss jedoch nicht zwingend im Anlagenspiegel sondern kann auch an anderer Stelle im Anhang erfolgen.

Praxis-Beispiel
Sämtliche Anschaffungskosten der zu Jahresbeginn vorhandenen Betriebsgrundstücke betragen gesamt 1.000.000 EUR.
Auch bereits voll abgeschriebene Anlagegüter müssen noch erfasst werden, sofern sie noch im Anlagevermögen existieren.

Zugang

Ein Anlagezugang liegt vor, wenn eine Anlage in das (wirtschaftliche) Eigentum des Unternehmens übergeht. Der Zugang wird mit den Anschaffungs- bzw. Herstellungskosten eingetragen. Addieren Sie auch nachträgliche Anschaffungskosten.

Praxis-Beispiel
Im Laufe des Jahres wurde ein weiterer Firmenwagen zum Preis von 38.000 EUR angeschafft.
Aber nicht jede nachträgliche Wertsteigerung führt auch zwangsläufig zu nachträglichen Anschaffungskosten oder zur Nachaktivierung. Stattdessen handelt es sich um sofort abzugsfähigen Reparatur- bzw. Erhaltungsaufwand, wenn es dabei

- weder zur einer Substanzmehrung,
- noch einer Wesensänderung,
- noch einer Verbesserung im Gebrauch des Wirtschaftsgutes

kommt.

Abgang

Beim Abgang eines Anlagegutes durch Verkauf, Entnahme oder Verschrottung werden die ursprünglich aktivierten historischen Anschaffungs- oder Herstellungskosten in voller Höhe unter den Abgängen erfasst. Die auf die ausgeschiedenen Vermögensgegenstände entfallenden kumulierten Abschreibungen müssen deshalb im Jahr des Abgangs aus der entsprechenden Spalte des Anlagenspiegels entfernt werden. Bei den zeitanteiligen Abschreibungen des Geschäftsjahres sind die bis zum Abgang abgelaufenden Monate als Zwölftel der Jahresabschreibung anzusetzen, z.B. 5/12 der Jahres-Abschreibung beim Abgang im Mai..

Praxis-Beispiel
Unter den Finanzanlagen war eine Geschäftsbeteiligung an einer GmbH mit Wert von 50.000 EUR ausgewiesen. Die Beteiligung wird im laufenden Jahr verkauft.

Umbuchungen

Umbuchungen erfolgen nicht aufgrund von Mengen- oder Wertänderungen des AV, sondern beinhalten lediglich die Umgliederung bereits vorhandener Anlagewerte auf andere Positionen des Anlagenspiegels. So müssen z.B. sich im Bau befindliche Anlagen dann bei Fertigstellung von der Bilanzposition „Anlagen im Bau“ auf die endgültige Bilanzposition umgebucht werden. Unter dieser Position sind sämtliche Aufwendungen für Investitionen zu aktivieren, ohne dass die Anlage zum Bilanzstichtag fertig gestellt ist. Es ist nicht möglich, auf Anlagen im Bau planmäßige Abschreibungen vorzunehmen (AfA = Absetzung für Abnutzung). Allerdings sind ggf. Zuschüsse und Ansparrücklagen zum Abzug von den Herstellungskosten zu erfassen. Steuerliche Sonderabschreibungen sind nur noch im steuerlichen Anlagenspiegel zulässig.

Praxis-Beispiel
Zum Vorjahresende war ein Anbau des Bürogebäudes zu 2/3 fertig. Die unter Anlagen im Bau ausgewiesenen 100.000 EUR sind im Jahr der Fertigstellung auf die Position „Gebäude“ umzugliedern. Weitere 50.000 EUR Herstellungskosten im laufenden Jahr sind als Zugang erfasst. Die Gesamtkosten der neuen Anbaus betragen somit 150.000 EUR.

Kumulierte Abschreibungen

Hierbei handelt es sich um die aus vergangenen Jahren aufgelaufenen Abschreibungen sämtlicher vorhandenen Anlagegüter einschließlich des aktuellen Wirtschaftsjahres. Wie bei den historischen Anschaffungs-/Herstellungskosten sind ausgeschiedene Anlagegüter herauszurechnen. Die kumulierten Abschreibungen lassen sich für jede einzelne Position des AV wie folgt berechnen:

Kumulierte Abschreibungen des Vorjahres
Zuschreibungen des Geschäftsjahres
Abschreibungen des Geschäftsjahres
auf Abgänge entfallende kumulierte Abschreibungen
+/- auf Umbuchungen entfallende kumulierte Abschreibungen
=kumulierte Abschreibungen des Geschäftsjahres

Abschreibungen des Geschäftsjahres

Hier sind nur die Abschreibungen des Geschäftsjahres aufzunehmen, die bei den einzelnen Anlagegegenständen aufgrund der Bewertungsgrundsätze in Betracht kommen,. Sie sind in der Spalte für die kumulierten Abschreibungen enthalten. Die Abschreibungen des Geschäftsjahres sind nicht zwingender Bestandteil des Anlagenspiegels und können auch im Anhang in einer dem Anlagevermögen entsprechenden Gliederung (Bestandsverzeichnis) oder im so genannten Abschreibungsspiegel angegeben werden. Für ein mittelgroßes Unternehmen ist die Angabe der Abschreibungen in einer Zusatzspalte im Anlagenspiegel völlig ausreichend.

Praxis-Beispiel
Der Firmen-Lkw wird im letzten Jahr seiner betriebsgewöhnlichen Nutzungsdauer um 15.689 EUR auf 1 EUR Erinnerungswert abgeschrieben.
Fallen steuerliche Sonderabschreibungen an, so sind hier lediglich die niedrigeren handelsrechtlichen Abschreibungen anzusetzen. In diesem Fall ist ggf. für die Steuerbilanz ein gesonderter Anlagenspiegel zu erstellen.

Seit dem Jahresabschluss 2016 sind zu den Abschreibungen folgende zusätzlichen Angaben zu machen:

1. die Abschreibungen in ihrer gesamten Höhe zu Beginn und Ende des Geschäftsjahrs.
2. die im Laufe des Geschäftsjahrs vorgenommenen Abschreibungen und
3. Änderungen in den Abschreibungen in ihrer gesamten Höhe im Zusammenhang mit Zu- und Abgängen sowie Umbuchungen im Laufe des Geschäftsjahrs.

Zuschreibungen

Bei Zuschreibungen handelt es sich in der Regel darum, Abschreibungen der Vorjahre rückgängig zu machen, wenn die Gründe dafür nicht mehr bestehen. Darauf vorgenommene - steuerlich zulässige - Teilwertabschreibungen aus Vorjahren sind zwingend wieder zuzuschreiben.

Nachträgliche Wertsteigerungen ohne vorangegangene Abschreibung gehören in der Regel nicht zu den Zuschreibungen, sondern werden entweder als Zugang (Nachaktivierung) oder als Erhaltungsaufwand angesehen. Das Gleiche gilt, wenn in den Vorjahren ein niedrigerer Wertansatz unzulässig war. Auch hier ist nicht zuzuschreiben, sondern stattdessen der fehlerhafte Ansatz zu korrigieren. Theoretisch sind auch dann Zuschreibungen zulässig, wenn planmäßige Abschreibungen zu hoch angesetzt waren und damit stille Reserven gebildet wurden. Hier wird anstelle von Zuschreibungen vorgeschlagen, den Abschreibungsplan zu korrigieren und den Buchwert über die tatsächliche restliche Nutzungsdauer zu verteilen.

Tragen Sie Zuschreibungen in der Abschreibungsspalte mit negativen Vorzeichen ein.

Praxis-Beispiel
Auf eine alte Maschine wurden in den Vorjahren außerordentliche Abschreibungen in Höhe von 40.000 EUR wegen technischer und wirtschaftlicher Überalterung angesetzt. Diese Teilwertabschreibung ist jedoch nicht zu halten, da wider Erwarten auf ihr nach wie vor marktgängige Produkte produziert werden.

Jahresabschreibungen		25.000 EUR
Zuschreibung Maschine		40.000 EUR
Spalte Abschr./Zuschr.	-	15.000 EUR

Buchwert am Schluss des Geschäftsjahres

Für die einzelnen Bilanzgegenstände, die am Schluss des Geschäftsjahres noch zum Betriebsvermögen gehören, errechnet sich der jeweilige Buchwert wie folgt:

	Buchwert am Schluss des Vorjahres
+	Zuschreibungen im laufenden Geschäftsjahr
-	Abschreibungen im laufenden Geschäftsjahr
+/-	Umbuchungen im laufenden Geschäftsjahr
=	Buchwert zum Schluss des Geschäftsjahres

Die Buchwerte am Schluss des Geschäftsjahres werden in die Bilanz, die auf den Schluss dieses Geschäftsjahres aufzustellen ist, übertragen. Ebenso lassen sich die Abschreibungen des Geschäftsjahres in der Gewinn- und Verlustrechnung abgleichen.

Weitere Ergänzungen im Anlagenspiegel

Auch der Ausweis von Fremdkapitalzinsen für jede Anlagenposition muss ab 2016 im Anhang gesondert erfolgen, könnte aber auch im Anlagenspiegel ausgewiesen werden., der es dann schließlich auf 15 Spalten bringt.

> Auf **www.richtigkontieren.de/anlag/tools** gibt es den umfangreicheren EXCEL™-Bruttoanlagenspiegel mit den historischen Anschaffungs-/Herstellungskosten sowie den kumulierten Abschreibungen. Sie finden ihn verkürzt auf 8 Spalten und den komplett mit 15 Spalten.

Beispiel Anlagenspiegel (verkürzt)

Anlageposten	Anschaf-fungs-/ Herstell.-Kosten	Zugänge/ Abgänge	Um-buchungen	Kumulierte Abschreib.	Ab-sch-reib./ Zu-sch-reib.	Buchwert Beginn Wj.	Buchwert Ende Wj.
I. Immaterielle VG	150.000	50.000		132.500	12.500	30.000	67.500
II. Sachanlagen							
Grundstücke	1.000.000					1.000.000	1.000.000
Gebäude	500.000	50.000	100.000	400.000	8.000	108.000	250.000
Maschinen	450.000			330.000	-15.000	105.000	120.000
Pkw	79.000	38.000		50.920	24.560	52.640	66.080
Lkw	78.450			78.449	15.689	15.690	1
Betriebsausstattung	76.175	-15.660		38.025	12.300	50.450	22.490
Büroausstattung	12.253	41.300		29.483	17.230		24.070
Geringwertige WG	6.739	3.456		10.194	3.456	1	1
Anlagen im Bau	100.000		-100.000			100.000	0
III. Finanzanlagen	120.000	-50.000		20.000		100.000	50.000
	2.572.617	117.096		1.089.571	78.735	1.561.781	1.600.142

Anlageverzeichnis zur EÜR

Auch in der Einnahmenüberschussrechnung sind Anlagengegenstände mit dem Anschaffungs- oder Herstellungsdatum und den Anschaffungs- oder Herstellungskosten in besondere, laufend zu führende Verzeichnisse aufzunehmen (§ 4 Abs. 3 Satz 5 EStG).

Das vom Finanzamt empfohlene Anlagenverzeichnis zur Anlage EÜR finden Sie als Papierformular und unter www.anlagen-direct.de/tools.

Anlagenspiegel nach IAS

Die Darstellungsform des Anlagenspiegels nach IAS und US-GAAP unterscheidet sich erheblich von der nach deutschem Recht.

So werden zum einen die Anlagepositionen Sachanlagen, Immaterielle Vermögensgegenstände und Finanzanlagen in unterschiedliche Tabellen aufgespaltet.

In diesen Tabellen erscheinen die Vermögensgegenstände in Spalten und deren Entwicklung zeilenweise.

Entwicklung zu Anschaffungs- und Herstellungskosten: kumulierte, historische Werte zu Beginn des Wirtschaftsjahres, sämtliche Zugänge und Umbuchungen, Abgänge zu Anschaffungskosten und Stand zum Ende des Wirtschaftsjahres.

Abschreibungen: kumulierte Werte zu Beginn des Wirtschaftsjahres, Zugänge, Abgänge (Zuschreibungen) und kumulierter Stand zum Ende des Wirtschaftsjahres.

Buchwert: Beginn und Ende des Wirtschaftsjahres. Der zweite Wert ergibt sich aus der Differenz der Endstände von Anschaffungs- und Herstellungskosten abzüglich der kumulierten Abschreibungen.

Beispiel - wie oben - für die Immateriellen Wirtschaftsgüter.

Entwicklung der Immateriellen Vermögensgegenstände nach IAS und US-GAAP			
	Schutzrechte und ähnliche Rechte sowie Lizenzen an solchen Rechten und Werten	Geschäfts und Firmenwert	Immaterielle Vermögensgegenstände
Anschaffungskosten			
Vortrag 01.01.	150.000		150.000
Zugänge	50.000		50.000
Umbuchungen			
Abgänge			
Stand 31.12.	200.000		200.000
Abschreibungen			
Vortrag 01.01.	120.000		120.000
Zugänge	12.500		12.500
Umbuchungen			
Abgänge			
Stand 31.12.	132.500		132.500
Buchwerte			
Netto 31.12.	67.500		67.500
Netto 31.12. Vorjahr	30.000		30.000

EXCEL™-Tools

Auf den Internetseiten www.anlagen-direct.de/tools finden Sie einfache EXCEL™-Tools zur Anlagenverwaltung. Diese "Werkzeuge" können Sie auf Ihren Betrieb zuschneiden und die Vorgaben der Berechnungen, soweit sinnvoll, übernehmen oder überschreiben. Eine professionelle Software kann dadurch nicht ersetzt werden, aber für wenige Anlagegüter bilden sie kostenlose und leicht zu bedienende Lösungen.

Inventarkarte

Dieses Tool dient zur Verwaltung von Anlagegütern.
Machen Sie auf den Inventarkarten unbedingt folgende Angaben:

Anschaffungsdatum	Tag, Monat , Jahr
Anschaffungskosten in EUR	
Nutzungsdauer	1 bis 25 Jahre
Abschreibungsart	1 für linear, 2 für degressiv
Sonderabschreibung nach § 7g EStG	1 für die Schlüsselung

Praxis-Beispiel
In unserem Beispiel wurde eine Maschine mit Nutzungsdauer von 10 Jahren im Juli 2020 angeschafft.

<table>
<tr><td>Gegenstand:</td><td>Masak Drehmaschine</td><td colspan="2">Anlagen-Nr.</td><td>97PR07156</td></tr>
<tr><td>Beschreibung</td><td>Modell ASA-PX3</td><td colspan="2">Sachkonto</td><td>440</td></tr>
<tr><td>steht wo?</td><td>PR7/Halle A3</td><td colspan="2">Normal AFA:</td><td>1000,00</td></tr>
<tr><td>Hersteller:</td><td>Masak GmbH, Hamburg</td><td colspan="2">Gesamtkosten</td><td>10000,00</td></tr>
<tr><td>angeschafft:</td><td>2.7.2020</td><td colspan="2">volle Jahres-AfA=0 1/2 Jahr-AfA=1 pro-rata-temporis=2</td><td rowspan="3">2</td></tr>
<tr><td>Nutzungsdauer</td><td>10</td><td>Anschaffungsjahr</td><td>20XX</td></tr>
<tr><td>AFA lin=1 degr. 2</td><td>1</td><td>§ 7g Abschreib.=1</td><td>1</td></tr>
</table>

Bei der Sonderabschreibung nach § 7g EStG wählen wir anstelle der vorgegebenen maximalen Abschreibung von 20% der Anschaffungskosten (2.000 EUR) im ersten Jahr eine Verteilung auf die Jahre 2020 (1.000 EUR), 2021 (250 EUR) und 2023 (750 EUR). Sobald wir abweichende Beträge eingeben, trägt das Programm in die Folgejahre jeweils das restliche Volumen an Sonderabschreibung vor.

Nach Ablauf des Begünstigungszeitraums von fünf Jahren errechnet das Programm eine neue AfA auf Basis der verbleibenden Nutzungsdauer (5 Jahre) und des Restwertes (3.500 EUR).

DATUM	BETRAG	AfA	§ 7g Absetzung	RESTWERT
2020	10000,00	500,00	1000,00	8500,00
2021	8500,00	1000,00	250,00	7250,00
2022	7250,00	1000,00		6250,00
2023	6250,00	1000,00	750,00	4500,00
2024	4500,00	1000,00		3500,00
2025	3500,00	700,00		2800,00
2026	2800,00	700,00		2100,00
2027	2100,00	700,00		1400,00
2028	1400,00	700,00		700,00
2029	700,00	700,00		

Brutto-Anlagenspiegel

Einfacher Anlagenspiegel

Beide EXCEL™-Tabellen dienen als Schreibvorlagen und addieren lediglich die Längst- und Quersummen auf.

Praxis-Beispiel

Anlagenspiegel 20XX				
	Buchwert	Zugänge +	Abschreib./	Buchwert
Anlageposten	Beginn Wj.	Abgänge -	Zuschreib.	Ende Wj.
I Immaterielle VG				
II. Sachanlagen				
Grundstücke				
Gebäude				
Maschinen				
Pkw BMW, 2.v. 6 J.	30.000		6.000	24.000
Lkw				
Computer 3.v. 3 J.	500		499	1
Einrichtung 1.v 5 J.1/2		10.000	1.000	9.000
Geringwertige WG		2.000	2.000	
Anlagen im Bau				
III. Finanzanlagen				
	30.500	12.000	9.499	33.001

Der umfangreichere Bruttoanlagenspiegel mit den historischen Anschaffungs-/Herstellungskosten sowie den kumulierten Abschreibungen sind den Kapitalgesellschaften (GmbH, AGs, Ltd. u.a.) vorbehalten. Andere Unternehmer mit wenigen Anlagegütern können den einfachen Anlagenspiegel leicht zu einer Inventaraufstellung anpassen, indem sie anstelle der Anlageposten die einzelnen Vermögensgegenstände auflisten.

Inventarbogen

Die meisten Spalten und Zeilen beinhalten klar definierte Funktionen und das Löschen oder Überschreiben kann dazu führen, dass die Tabelle ingesamt unbrauchbar wird.

Löschen von Zeilen:

Gefahrlos können Sie ganze Anlagengruppen (nur komplett von Überschrift bis zur Summenzeile) oder doppelte Jahreszeilen (vorgesehen für Wirtschaftgüters aus dem gleichen Jahr) löschen.

Einfügen von Zeilen für weitere Wirtschaftsgüter:

Kopieren Sie die richtige Jahreszeile. Wenn Sie eine Zeile mit einem anderen Jahr kopieren, so rechnet EXCEL™ höchstwahrscheinlich falsch.

Löschen von Spalten

Die Spalten sind nur von rechts aus löschbar, ohne dass dadurch die restliche Tabelle gefährdet wird: die drei Spalten für den Abgang, die Spalten für 2014 usw. Das Löschen anderer Spalten hat zur Folge, dass die Felder rechts davon nicht mehr korrekt berechnet werden.
Die vorgegebenen drei Jahre 2013 bis 2015 können nicht geändert werden. Zu ändern ist bei einem abweichenden Wirtschaftsjahr der Bilanzstichtag.

Einträge im Inventarbogen

Wenn Sie nicht als Existenzgründer anfangen, so gibt es vor diesem Inventarbogen bereits andere Aufzeichnungen über Ihr Anlagevermögen. Die letzten Buchwerte tragen Sie in den entsprechenden Feldern und führen die Abschreibungen wie gehabt weiter. Die Funktionalität des Programms besteht bei diesem Altinventar in der Fortschreibung der Werte zum jeweiligen Bilanzstichtag.
Im Leben eines Anlagegutes vom Zugang in das Betriebsvermögen bis zum Abgang verbraucht sich in der Regel sein Wert durch reguläre und außergewöhnliche Abschreibungen. Gelegentlich führen Nachaktivierung und Zuschreibungen zu Wertsteigerungen. Diese Bewegungen und Abschreibungen sind im Inventarbogen einzutragen:

- Zugang,
- Abgang,
- Umbuchungen,
- Abschreibungen,
- Zuschreibungen.

Zugang

Ein Anlagenzugang liegt vor, wenn eine Anlage in das (wirtschaftliche) Eigentum des Unternehmens übergeht oder wenn eine sich im Bau befindliche Anlage fertiggestellt wird. Vom Programm sollte für jeden Zugang eine leere oder als Muster dienende Ein-gabemaske zur Verfügung gestellt werden. Der Zugang wird mit den Anschaffungs- bzw. den Herstellungskosten in der Spalte "Anschaffung" eingetragen. Addieren Sie nachträgliche Anschaffungskosten. Excel™ trägt die Anschaffungskosten automatisch in das richtige Jahr vor. In der Spalte Altinventar (Buchwertvortrag) kann es naturgemäß nicht zu Anschaffungen kommen.

Abgang

Beim Abgang eines Anlagegutes durch Verkauf, Entnahme oder Verschrottung wird der Restwert zum angegebenen Zeitpunkt ausgebucht und in den rechten Spalten einge-tragen. Die Tabellenkalkulation kann dies nicht automatisch berücksichtigen. Da die Zeile mit dem Abgang jedoch abgeschlossen wird, können Sie bei den zeitanteiligen Abschreibungen und Abgängen die Vorgaben überschreiben. Bei den zeitanteiligen Abschreibungen sind die bis zum Abgang abgelaufenen Monate als Zwölftel der Jahres-Abschreibung anzusetzen, z.B. 5/12 der Jahres-Abschreibung beim Abgang im Mai.

Umbuchungen

Bei Fertigstellung müssen die sich im Bau befindlichen Anlagen von der Bilanzposition "Anlagen im Bau" auf die endgültige Bilanzposition umgebucht werden. Die Anlagen im Bau stellen eine besondere Form von Sachanlagen dar. Unter dieser Position sind sämtliche Aufwendungen für Investitionen zu aktivieren, ohne dass die Anlage zum Bilanzstichtag fertiggestellt ist. Es ist nicht möglich, auf Anlagen im Bau planmäßige Abschreibungen vorzunehmen (AfA = Absetzung für Abnutzung). Allerdings sind oft steuerliche Sonderabschreibungen zulässig und es sind ggf. Zuschüsse und Ansparrücklagen als Abzug von den Herstellungskosten zu erfassen. Da zusätzliche Spalten den Inventarbogen noch mehr aufblähen würden, sind die Umbuchungen in den Zugangs-/ Abgangsspalten zu erfassen.

Abschreibungen

Die gebräuchlichen Abschreibungsmethoden sind bereits in der Tabelle hinterlegt. Durch die Zuordnung von "1" oder "2" in der ersten AfA-Spalte

- 1 für linear über die Nutzungsdauer
- 2 für 25% degressive AfA (steuerlich nur zulässig bei Anschaffung in 2020 und 2021) vom jeweiligen Restbuchwert

kann das Programm die Berechnungen automatisch vornehmen.
Außerplanmäßige Abschreibungen wie Absetzung für außergewöhnliche Abnutzung (AfaA) und Teilwertabschreibungen, Sonderabschreibungen wie z.B. Mittelstandsabschreibung nach § 7g EStG für neue bewegliche Wirtschaftsgüter sollten per Hand über die reguläre Abschreibung eingetragen werden.
Bei Grundstücken und Finanzanlagen ist keine reguläre AfA möglich. Teilwertabschreibung können Sie per Hand eintragen und vom Programm den Restwert fortführen lassen.
Immaterielle Anlagegüter sowie Gebäude lassen sich automatisch nur linear über die Nutzungsdauer abschreiben. Die degressive Abschreibungmethode zu 25% des Buchwerts ist steuerlich nicht zulässig. In der Tabelle werden die Abschreibungen im ersten Jahr automatisch pro rata temporis, also 1/12 der Jahres-AfA für jeden Nutzungsmonat berechnet.

Praxis-Beispiel

Gegen-stand	Mon	Jahr	Liefer-firma	Anschaf-fung		lin. 1	degr.2 AfA 1. Jahr	Zugang Abgang	AfA 2020	Restwert 31.12.2020
r				EUR ct	Jahre	1 o. 2	EUR ct	EUR ct	AfA	EUR ct
Software	4	2020	Makro-soft	3.000,00	3	nur 1		3.000,00	750,00	2.250,00
	0	2021		0,00	1	nur 1	0,00	0,00	0,00	
	0	2022		0,00	1	nur 1	0,00	0,00	0,00	
								3.000,00	750,00	2.250,00

Andere Sonderabschreibungen sollten per Hand eingetragen werden.
Das Programm rechnet die AfA tapfer weiter, auch in negative Buchwerte hinein. Passen Sie deshalb die letzte tatsächliche AfA an, um auf einen Wert von 0 EUR oder 1 EUR Erinnerungswert zu kommen.

Zuschreibungen
Tragen Sie Zuschreibungen in der Abschreibungsspalte mit negativen Vorzeichen ein.

Professionelle Software zur Anlagenbuchhaltung

Abschließend geht es um die Anschaffung, Organisation und Einrichtung professioneller Software zur Anlagenbuchhaltung. Sie planen die voraussichtlichen Kosten und können den Funktionsumfang der Programme bewerten.

Im Anhang sind 5 Hersteller aufgelistet mit Angaben zu ihren Produkten.

Außerdem finden Sie die amtlichen AfA-Tabellen mit der betriebsgewöhnlichen Nutzungsdauer sowie diverse Kopiervorlagen, um Inventarbogen, Inventarkarte und einen einfachen Anlagenspiegel mit der Hand auszufüllen.

Die Verwaltung des Anlagevermögens, die Ermittlung der Abschreibungen für die verschiedensten Zwecke sowie das Erstellen aller erforderlichen Auswertungen ist verbunden mit einer Vielzahl von zeitaufwendigen Rechen-, Ordnungs- und Schreibarbeiten. Was die Computerprogramme den Buchhaltern einerseits an Arbeit abnehmen, sollten ihnen auf der anderen Seite Einrichtung, laufende Bestandsfortführung und Auswertungen nicht wieder zusätzlich aufbürden. Damit Sie sich leichter zurechtfinden, bietet dieses Kapitel einen Überblick zum Thema Anlagenprogramme: Anschaffung, Einrichtung, Funktionen, Berechnungen und Auswertungen.

Anschaffung eines Anlagenprogramms

Vor der Entscheidung für die Anschaffung eines eigenständigen Anlagenprogramms sollten Sie Kosten und Nutzen gründlich abwägen.

Zu den Kosten einer Implementierung gehören neben den Anschaffungskosten des Programms die Kosten für die Installation und Einrichtung, der Zeitaufwand für die Schulung und Eingabe des Altinventars. Als Folgekosten kommen die Wartung als Update und Hotlinevertrag mit dem Lieferer, und der Personalaufwand für die Pflege des Anlagenbestands sowie die Buchungen und Auswertungen zum Monats-/Jahresende.

Wenn der Anlagenbestand des Unternehmens mit weniger als 30 bis 50 Wirtschaftsgüter eher als klein zu bezeichnen ist, können Sie auf die Anschaffung eines speziellen Programms durchaus verzichten:

Ihr Steuerberater kann im DATEV-System geführte Anlagenbuchhaltung (z.B. ANLAG für Windows) die gesetzlichen Auswertungen für Sie erstellen. Dazu werden jeweils zum Jahresabschluss eine buchmäßige Inventur Ihres Anlagevermögens durchgeführt, die Werte fortgeschrieben und Zu-/Abgänge mit der Finanzbuchhaltung abgestimmt.

In Tabellenkalkulationsprogrammen wie MS Excel™, StarCalc™ u.Ä. können Sie selbst ein kleines Anlagenverzeichnis ohne großen Aufwand führen (siehe vorheriges Kapitel mit den Beschreibungen einiger EXCEL™ Tools, die Sie auf Ihren Betrieb anpassen können). Einige Hersteller von Finanzbuchhaltungen bieten Exportschnittstellen an, wodurch die Buchwerte vor Jahresabschlussbuchungen in die Tabellenkalkulation übernommen werden können. In der nachfolgenden Beschreibung der Grundfunktionen finden Sie die Standardangaben und gesetzlichen Anforderungen an eine Anlagenbuchhaltung.

Wurde die Anschaffung einer Anlagenbuchhaltung beschlossenen, so gilt es, die richtige Auswahl zu treffen und organisatorische Rahmenbedingungen zu setzen.

Prüfen Sie bei nachfolgenden Anforderungen an die neue Anlagenbuchhaltung im Einzelnen, ob sie zunächst einmal für Ihr Unternehmen relevant sind und anschließend, ob sie vom Softwareanbieter erfüllt werden kann bzw. muss.

Technische Anforderungen

Passende Hardware muss vor der Anschaffung bereitgestellt sein:

	trifft zu	erfüllt
Läuft das neue Programm auf bestehender Hardware oder		
müssen Arbeits- oder Festplattenspeicher erweitert werden?		
welcher Prozessortyp ist ausreichend,		
sollte im Zuge der Anschaffung neue Hardware gekauft werden?		
Ist ein PC speziell für die Anlagenbuchhaltung zu reservieren?		

Das Anlagenprogramm sollte sämtlichen dieser technischen Anforderungen genügen:

	trifft zu	erfüllt
Kann das Programm, sofern vorgesehen, im Mehrplatzsystem und Netzwerk eingesetzt werden?		
Läuft das neue Programm auf dem bestehenden Betriebssystem, bzw. lässt es sich in das bestehende Netzwerk einbinden?		
Wenn das Programm in andere Software integriert werden soll - zum einen in die Finanzbuchhaltung und in die Kosten- und Leistungsrechnung, zum anderen in Textverarbeitung, Datenbank u.a.: sind die dazu erwünschten Programmverbindungen (Aufruf, Datenübergabe etc.) realisiert?		
Ist die Software branchenneutral oder auf Ihre Branche zugeschnitten?		
Ist die Software durch Wirtschaftsprüfer testiert (Grundsätze ordnungsmäßiger Speicherbuchführung)?		
Ist das Programm mandantenfähig ?		
Können mehrere Wirtschaftsjahre gleichzeitig bebucht werden ?		
Können handels- und steuerliche Varianten ohne Doppelerfassung dargestellt werden ?		
Können zu jedem Posten nach den Vorschriften ab 2016 die zugehörigen Fremdkapitalzinsen erfasst werden ?		
Ist die Darstellung des Rumpf- / abweich. Wirtschaftsjahres korrekt ?		
Eine Testinstallation bei Ihnen im Betrieb oder die Angabe von bestehenden Referenzinstallationen bei Kunden sind allemal besser als eine blendende Präsentation auf dem Laptop.		
Handbücher und Beschreibungen zu sämtlichen zugesicherten Funktionen		

Bei der Neuanschaffung einer Anlagenbuchhaltung muss es sich nicht unbedingt um Originalsoftware zur bestehenden Finanzbuchhaltung handeln. Die weiter unten beschriebenen Grundfunktionen erfüllen Anlagenprogramme in jeder Preisklasse von 99 EUR bis weit über 25.000 EUR.

Für eine preiswerte Fremdlösung ist es allerdings unabdingbar, dass sie unproblematisch eingebunden werden kann. Bei Programmen aus einem Guss ist dies eher gewährleistet, als bei angelehnten Fremdlösungen. Hierbei sollten unter demselben Betriebssystem Schnittstellen definiert sein, um Daten an die Finanzbuchhaltung zu übergeben, so zumindest die AfA-Buchungen. Diese Schnittstelle zu schaffen, ist Aufgabe des kleinen Softwarehauses und sollte eine wesentliche zugesicherte Eigenschaft bei der Anschaffung des Programms darstellen.

Organisatorische Anforderungen

Hinsichtlich des Anbieters müssen folgende Fragen geklärt sein:

	trifft zu	erfüllt
Hat sich der Anbieter seit mehreren Jahren auf dem Markt etabliert?		
Unterhält er eine Niederlassung in Ihrer Nähe oder unterstützt Sie zumindest ein Vertragshändler?		
Ist die Software ein Eigenprodukt des Anbieters oder fehlt ihm anderenfalls in Detailfragen des Programms das entscheidende Know how?		
Unterhält er eine tatsächlich gut erreichbare Hotline?		
Wird diese Hilfe über Wartungsverträge abgegolten oder über eine 0900-Servicenummer bezahlt?		
Werden Updates und Hotlineunterstützung gesondert berechnet ?		
Gibt es Schulungen vor Ort oder in Ihrer Nähe?		
Unterstützt Sie der Anbieter bei der Organisation und Einrichtung der Buchhaltung?		

Im eigenen Betrieb sollten in Abstimmung mit dem Anbieter folgende Voraussetzungen geschaffen werden

	trifft zu	erfüllt
Ist der Buchhalter fachlich und zeitlich in der Lage, die Anlagenbuchhaltung einzurichten (großer Zeitaufwand für Schulung und Eingabe), zu führen und zum Jahresabschluss bzw. für sämtliche unterjährige Berichte auszuwerten?		
Ist er für diese Mehrarbeit auch motiviert? Mangelnde Akzeptanz wird teuer und kann sogar den Erfolg insgesamt gefährden.		
Haben Sie im Haus einen EDV-Spezialisten, der die Installation und Wartung begleitet und ggf. bei Betriebsstörung eine telefonische Fernwartung umsetzen kann?		

Planen Sie den Einsatz des Anlagenprogramms zunächst mit allen Beteiligten und setzen Sie nach Einholung mehrerer Angebote den Kostenrahmen für die Anschaffung und den laufenden Betrieb fest. Zur Organisation und Durchführung der Programmeinrichtung vor Ort ziehen Sie schließlich den Buchhaltungsanbieter hinzu.

Beim Umstieg auf ein neues Programm übernimmt man den Datenbestand des Altinventars. Dabei lassen sich Kosten für die Eingabe sämtlicher Anlagegüter einsparen, wenn der Hersteller zu diesem Zweck eine Importfunktion für Altdaten programmiert hat. Auf Papier liest sich das leichter als in der Praxis getan. Um die Leistungsfähigkeit der Software herauszustellen, wird in der Verkaufsphase der tatsächliche Installationsaufwand eher heruntergespielt. Im Zuge der Installation und Einrichtung kann deshalb der Softwarelieferant gegen eine kostengünstige Pauschale auch die Daten einlesen.

Die internen Kosten sind weitgehend programmunabhängig

Kosten der Anlagenbuchhaltung im Unternehmen

Verschaffen Sie sich einen Überblick über die Gesamtkosten während des gesamten Abschreibungszeitraums von drei Jahren einer Im-Haus-Lösung Ihrer Anlagenbuchhaltung.

	Std.	x EUR	Kosten
Planungskosten, Anforderung, Sichtung Angebote, Anforderungsprofile usw.			
Organisation, Abstimmung aller Beteiligten			
Testen der Anlagensoftware, Referenzbetrieb			
Einrichtung und Einarbeitung Buchhaltung			
Schulungen			
Laufende Buchhaltung monatlich x 12 x 3 Jahre			
Monatliche Auswertungen x 12 x 3 Jahre			
Inventur, Jahresabschluss x 3 Jahre			
Sonstige Berichte x 3 Jahre			
Updates, Wartungsarbeiten x 3 Jahre			
Sonstiges			
Interne Kosten Anlagenbuchführung (drei Jahre)			

	Kosten
Anschaffungspreis Anlagenprogramm	
Zusatzmodule, Schnittstellen etc.	
Einrichtungs- und Installationskosten	
Übernahme der Altdaten	
Schulungskosten x 3 Jahre	
Hotline, Wartung und Update x 3 Jahre	
Sonstiges	
externe Kosten Anlagenprogramm (drei Jahre)	

Wann sollte ein Anlagenprogramm eingerichtet werden?

Zu Beginn eines neuen Wirtschaftsjahres liegen wohl kaum die neuesten Bilanzwerte des Anlagevermögens vor. Jedoch schon in der Januarbuchhaltung können sich hier die ersten Zugänge und Abgänge ereignen. Bei der Wahl des richtigen Zeitpunkts zur Einrichtung einer Anlagenbuchhaltung steht man somit vor dem Dilemma, entweder mit den Buchwerten zu Jahresbeginn oder mit der laufender Buchführung nicht auf dem aktuellen Stand zu sein. In der Regel werden die unterjährigen Buchungen nur einen Bruchteil der Bestandsbuchungen ausmachen. Deshalb ist zu empfehlen, die Anlagenbuchführung möglichst früh im laufenden Geschäftsjahr, jedoch erst im Zuge der Jahresabschlussarbeiten einzurichten.

Wenn Sie den Jahresabschluss selbst erstellen, so ist dieser Zeitpunkt ideal für das Austesten der neuen Software als Probeversion und für die Überprüfung der früheren Werte und Berechnungen im Anlagevermögen. Neben der Erfassung des Altinventars kommt die Mehrarbeit hinzu, gleichzeitig nach dem neuen und alten System alle Bewegungen des alten Jahres nachzuvollziehen und die Abschreibungen doppelt zu ermitteln. Aber damit prüfen Sie das Programm auf Herz und Nieren: Ist die Eingabe tatsächlich so anwenderfreundlich, werden die Abschreibungen wirklich größtenteils automatisch berechnet, funktioniert die Übernahme in die Finanzbuchhaltung?
Erhielten Sie die Inventarwerte des Anlagevermögens zusammen mit der Bilanz bislang vom Steuerberater, so übernehmen Sie die neuesten Buchwerte nach Erstellung des Jahresabschlusses. Die historischen Anschaffungskosten für längst abgeschriebene Gegenstände sind grob zu schätzen, wenn sie aus dem Inventarverzeichnis nicht ersichtlich sind.

Was soll ein Anlagenprogramm leisten?

Der minimale Funktionsumfang von Anlagenprogrammen entspricht dem von manuellen Anlagenbuchhaltungen.

Zur Verwaltung des Anlagevermögens sind für das einzelne Wirtschaftsgut Inventarkarten (Stammdatensätze) anzulegen. Dabei sollte die Übernahme in unterschiedliche Buchhaltungen nach HGB, Steuerrecht und IAS/IFRS mit Duplizierung möglich sein.

Sämtliche Bewegungen des einzelnen Anlagegutes wie Zugang, Abgang, Umbuchungen, Abschreibungen und Zuschreibungen sind zu buchen.

Als Mindestauswertung der Buchhaltung gelten der Anlagenspiegel, als ein für Kapitalgesellschaften notwendiger Bestandteil des Jahresabschlusses, sowie eine Abschreibungsliste mit der Aufgliederung von Sonderabschreibungen für betriebswirtschaftliche und steuerstatistische Zwecke.
Diese Grundfunktionen sind in einigen Finanzbuchhaltungen teilweise integriert, weshalb eine solche Lösung für ein Anlagevermögen bis maximal 50 Wirtschaftsgüter durchaus ausreichend erscheint.

Die Übernahme der Abschreibungen in die Finanzbuchhaltung ist oft leider nicht möglich; die Beträge sind für jedes Anlagekonto einzeln einzubuchen. Außerdem können Abgänge, Umbuchungen, der Ausweis von regulärer AfA zusammen mit zusätzlichen Sonderabschreibungen, kumulierten Abschreibungen usw. nicht korrekt im Anlagenspiegel dargestellt werden. Letztlich ist es jedoch eine Frage des Preises, ob eine vollwertige Anlagenbuchhaltung in die Finanzbuchhaltung zu integrieren ist. Das Werkzeug "AfA-Rechner" erspart zumindest die mühselige Berechnung der Abschreibungsbeträge von Hand.

Die überwiegende Mehrzahl der Hersteller bietet statt dieser "Werkzeuglösung" eine Anlagenbuchhaltung als zumeist kostenpflichtiges Zusatzmodul an oder gar eigenständiges Programm (Insellösung) mit Schnittstelle zur Finanzbuchhaltung auch anderer Hersteller. Nur diese vollwertigen Anlagenbuchhaltungen sollen im folgenden behandelt werden

Funktionen der Anlagenbuchhaltung

Stammdatensätze als elektronische Inventarkarten

Bei einem Anlagenverzeichnis auf Papier werden sämtliche Wirtschaftsgüter auf Inventarbögen oder Karteikarten aufgezeichnet. In der EDV-Anlagenbuchhaltung entspricht der Stammdatensatz für jedes einzelne Wirtschaftsgut einer herkömmlichen Inventarkarte der Anlagenkartei. Auf ihr sind bei der Anschaffung bzw. Herstellung des Wirtschaftsgutes alle wesentlichen Angaben zu machen. Die nachfolgenden Eingabefelder sind nicht in allen Programmen vollständig definiert. Tatsächlich lohnt sich die Erfassungsarbeit von etlichen Merkmalen nur dann, wenn entsprechende Sortierung und Aufbereitung der Daten für Sie Sinn macht.

Zu gesetzlichen Zwecken bzw. als standardisierte Angaben sind folgende Felder auszufüllen:

Inventarnummer

Beim Neuzugang wird die nächste freie Inventarnummer vom System vorgeschlagen. Ihnen sollte jedoch die Wahl der freien Nummernvergabe bleiben.

Gegenstand

Anstelle des Gattungsbegriffs sollte hier eine eindeutige Bezeichnung des Anlagegutes stehen, um ggf. auch mehrere gleiche Gegenstände unterscheiden zu können (z.B. "PC Intel Core i7 3,2GHz" anstatt "Computer").

Lieferant

Der Zugriff auf den Kaufbeleg und weitere Vertragsunterlagen ist durch diese Angabe schneller möglich. In Garantiefällen und bei Ersatzbeschaffungen weiß man, an wen man sich wenden oder ggf. wen nicht mehr berücksichtigen sollte. Nach Lieferanten sortierte Bestandslisten erlauben leichtere Verhandlungen über mögliche Preisnachlässe für evt. künftige Anschaffungen..

Anschaffungsdatum

Dieses Datum muss nicht mit dem Rechnungsdatum übereinstimmen. Entscheidend für den Beginn des Abschreibungszeitraums ist der Zeitpunkt, ab dem Sie das Wirtschaftsgut bestimmungsgemäß nutzen können. Bei den Eilkäufen von Firmenwagen zum Jahreswechsel z.B. ist ein Abschreibungsbeginn noch im alten Jahr nur dann sichergestellt, wenn das Fahrzeug frisch angemeldet und fahrbereit bereits am 31.12. auf Ihrem Hof steht.

Anschaffungs-/Herstellungskosten

Dieser Betrag bildet die Grundlage für die späteren Abschreibungen. Bei nachträglichen Anschaffungskosten sollte entweder die spätere Änderung des Betrages oder die Nachbuchung unter gleicher Inventarnummer möglich sein.
Wurde ein Investitionsabzugsbetrag für das Anlagegut geltend gemacht, darf im Anschaffungsjahr bis zu diesem Betrag (max 50% der Anschaffungskosten) abgezogen werden. Um eine doppelte Gewinnminderung - im Jahr der Bildung des Investitionsabzugsbetrages und im Jahr der Anschaffung - zu vermeiden muss dieser Betrag in der Steuererklärung wieder hinzugerechnet werden (§ 7g Abs. 2 EStG). Auch Zuschüsse können die Anschaffungskosten mindern. In beiden Fällen verringert sich die Bemessungsgrundlage für die folgenden Abschreibungen.

Sachkonto in der Finanzbuchhaltung/Kostenstelle

Diese Zuordnungen sind wichtig, will man die Schnittstellen zur automatischen Verbuchung z.B. der Abschreibungen nutzen. Auch ohne eine solche Programmverbindung finden Sie in der Abschreibungsliste die Anlagegüter unter den jeweiligen Sachkonten zusammengefasst und können die summierten Abschreibungsbeträge manuell übertragen. In vielen Programmen sind die gängigen Kontenrahmen hinterlegt (SKR der DATEV, IKR, GKR, BGA u.a.)

Nutzungsdauer

Für die Berechnung der steuerlich zulässigen Abschreibungen sollte man im Regelfall auf die betriebsgewöhnliche Nutzungsdauer laut den Amtlichen AfA-Tabellen zurückgreifen. Wollen Sie schneller abschreiben, so sollten Sie mittels durchgehend häufigerer Ersatzbeschaffung von Anlagegegenständen, durch vertragliche Begrenzung der Nutzungsdauer (z.B. Mietvertrag) o.Ä. Nachweise heranbringen.

Abschreibungsart

Für gewöhnlich geben Sie eine bereits vordefinierte Abschreibungsart für die Normal-AfA an. Zusätzliche Sonderabschreibungen und Teilwertabschreibungen sind ggf. in separaten Eingabefeldern zu bestimmen. Die Abschreibungsarten werden bei der Beschreibung der Buchung ausführlich behandelt.

Anlagegruppen

In Anlehnung an die handelsrechtliche Bilanzgliederung werden Anlagegruppen für gleichartige Wirtschaftsgüter gebildet. Anlagentypen sind z.B. Software, Grundstücke, Gebäude, Maschinen, Fahrzeuge, Geschäftsausstattung, Geringwertige Wirtschaftsgüter, Anlagen im Bau usw. Wie zuvor bei den Abschreibungsarten können die Anlagegruppen und deren Eigenschaften in den Stammdaten vordefiniert sein. Dadurch ist es möglich, gemeinsame Merkmale wie Abschreibungsart, Nutzungsdauer, Wiederbeschaffungswerte, kalkulatorische Zinsen etc. vorzugeben bzw. für alle Anlagen anzupassen.

Das Buchhaltungsprogramm sollte Ihnen hierbei die Möglichkeit einräumen, die meisten Angaben später nachzutragen oder bis zum Jahresabschluss zu ändern. Ärgerlich ist gelegentlich der unklare Programmhinweis, dass wichtige Angaben fehlen bzw. nicht korrekt eingegeben wurden.

Einige Programme bieten die Möglichkeit, Musterinventarkarten für diverse Anlagegruppen anzulegen oder auch einzelne Karten zu kopieren. Diese Muster können bei der Neuerfassung von Anlagenzugängen herangezogen werden und den Eingabeaufwand auf die tatsächlich individuellen Daten des Gegenstandes zu beschränken.

Weitere Angaben können dann sinnvoll sein, wenn das Programm den Anlagenbestand nach diesen Kriterien sortiert und entsprechende Auswertungen erstellt. Es sollte völlig Ihnen überlassen bleiben, ob Sie diese Angaben machen oder auf entsprechende Auswertungen verzichten.

Standort, Fabrik-/Seriennummer

Diese zwei Angaben erleichtert die Bestandsaufnahme insbesondere dann, wenn eine Inventurliste nach den jeweiligen Standorten erstellt werden kann. Zwei Maschinen gleichen Typs können über die Maschinennummer schnell unterschieden werden.

Restwert/Schrottwert

Mit der Angabe eines Restwertes ist für die laufenden Abschreibungen ein automatischer Anhaltewert definiert, der auch nach Ablauf der betriebsgewöhnlichen Nutzungsdauer nicht mehr unterschritten wird.

Versicherungswert/Versicherungspolicen

In diese Felder geben Sie Werte ein, um für den gesamten Anlagenbestand Versicherungslisten erstellen zu lassen. Indexreihen für Preissteigerungsraten berechnen anhand der verschiedenen Zugangsjahre die jeweiligen Wiederbeschaffungswerte. Dadurch ist es möglich, Versicherungssummen an gestiegene Werte anzupassen, und Unter- oder Überversicherungen aufzudecken.

Frei definierbare Felder

Bei einer Vielzahl von vorgegebenen Eingabefeldern bieten einige Programme noch weitere individuelle Felder an, z.B. um zusätzliche Informationen zu Grundstücken und Bauten zu erfassen. Nach diesen neuen Attributen können ggf. weitere Auswertungen abgerufen werden. Die Möglichkeit, darüber hinaus erklärende Texte einzufügen, dient der Dokumentation einzelner Wirtschaftsgüter (z.B. Zuschüsse, Übereignung, Maschinenlaufzeiten etc.)

Buchung von Bewegungen und Abschreibungen

Im "Leben" eines Anlagegutes vom Zugang in das Betriebsvermögen bis zum Abgang verbraucht sich in der Regel sein Wert durch reguläre und außergewöhnliche Abschreibungen. Gelegentlich führen Nachaktivierung und Zuschreibungen zu Wertsteigerungen. Diese Bewegungen und Abschreibungen sind idealerweise auf der Inventarkarte beim Anlagegut auch direkt einzubuchen:

- Zugang,
- Abgang,
- Umbuchungen,
- Abschreibungen,
- Zuschreibungen.

Bei den meisten Anlagenprogrammen sind Zugänge und Abgänge von Anlagegütern auch bei einem integrierten Rechnungswesen zweimal zu erfassen. Und zwar wird aus Kostengründen auf die Programmierung einer Schnittstelle zur Finanzbuchhaltung verzichtet, da die dortige Einbeziehung von Finanzkonten wie Kasse, Bank sowie von Personenkonten ein komplexes Problem darstellt. Bei den Abschreibungen hingegen können Sie von dem Anlagenprogramm erwarten, dass es automatisch Buchungssätze für Ihre Finanzbuchhaltung erstellt.

Zugang

Ein Anlagenzugang liegt vor, wenn eine Anlage in das (wirtschaftliche) Eigentum des Unternehmens übergeht oder wenn eine sich im Bau befindliche Anlage dann fertiggestellt wird. Vom Programm sollte für jeden Zugang eine leere oder als Muster dienende Eingabemaske zur Verfügung gestellt werden. Der Zugang wird mit den Anschaffungs- bzw. den Herstellungskosten gebucht.
Folgende fünf Fälle sollten darstellbar sein:

- Buchung in einer Summe
- Buchung von Einzelbelegen
- Nachträgliche Buchung von zusätzlichen Anschaffungskosten
- Nachaktivierung z.B. von zunächst als Aufwand gebuchter Herstellungskosten oder aufgrund einer Steuerprüfung
- Umbuchung eines fertiggestellten Anlagegutes.

Nicht jede nachträgliche Wertsteigerung führt zwangsläufig zu nachträglichen Anschaffungskosten oder zur Nachaktivierung. Wenn dieser Aufwand

- weder eine Substanzmehrung
- noch eine Wesensänderung
- noch eine Verbesserung im Gebrauch des Wirtschaftsgutes

bedeutet, so liegt stattdessen sofort abzugsfähiger Reparatur- bzw. Erhaltungsaufwand vor.

Abgang

Beim Abgang eines Anlagegutes durch Verkauf, Entnahme oder Verschrottung wird der Restwert zum angegebenen Zeitpunkt ausgebucht. Komfortable Programme ermitteln automatisch die anteiligen Abschreibungen bis zum Abgang (pro rata temporis).

Teilzugänge und -abgänge verkomplizieren solche zeitanteiligen Abschreibungen. Während bei der Nachaktivierung die Wahl zwischen der monatlichen und halbjährlichen AfA besteht, sollte das System Sie im zweiten Fall bei der Ermittlung des Buchwertes durch Angabe der mengenmäßigen Abgänge zu Anschaffungspreisen unterstützen.

Umbuchungen

Bei Fertigstellung müssen die im Bau befindlichen Anlagen von der Bilanzposition "Anlagen im Bau" auf die endgültige Bilanzposition umgebucht werden. Die Anlagen im Bau stellen eine besondere Form von Sachanlagen dar. Unter dieser Position sind sämtliche Aufwendungen für Investitionen zu aktivieren, ohne dass die Anlage zum Bilanzstichtag fertiggestellt ist. Es ist nicht möglich, auf Anlagen im Bau planmäßige Abschreibungen vorzunehmen (AfA = Absetzung für Abnutzung). Allerdings sind oft steuerliche Sonderabschreibungen zulässig und es sind ggf. Zuschüsse und Ansparrücklagen zum Abzug von den Herstellungskosten zu erfassen.

Abschreibungen

Die steuerliche und handelsrechtliche Abschreibungsrechnung ist das Kernstück jeder Anlagenbuchhaltung. Sie sollte sowohl monatlich als auch jährlich buchbar sein und für die Normal-AfA und steuerlichen Sonderabschreibungen weitgehend automatisch ablaufen. Hierzu sind für jedes Anlagegut Angaben zur Abschreibungsart und Nutzungsdauer vorzugeben.
Bei außerplanmäßigen Abschreibungen und anderen Sonderfällen von Abschreibungen sollte eine manuelle Erfassung zugelassen werden können.. Die Abschreibung ist in diesem Fall als EURO-Betrag oder als Prozentwert vorzugeben.
Die zulässigen Abschreibungsmethoden sind in der Regel bereits in den Stammdaten hinterlegt oder müssen dort ggf. nachgetragen werden. Durch die Zuordnung einer oder mehrerer vordefinierter Abschreibungsarten zum Anlagegut kann das Programm die Berechnungen automatisch vornehmen. Als wesentliche Abschreibungsarten und Voreinstellungen für die automatische Berechnung kommen in Betracht:

- Abschreibung pro rata temporis für jeden Monat oder Anwendung der Halbjahres-

Vereinfachungsregelung bei beweglichen Wirtschaftsgütern:

- Berechnung der linearen AfA aufgrund der angegebenen Nutzungsdauer
- lineare Gebäude-AfA mit feststehendem Prozentsatz von den Anschaffungs- oder Herstellungskosten
- Sofortabschreibung oder wahlweise verteilte Abschreibung von Geringwertigen Wirtschaftsgütern
- degressive AfA vom jeweiligen Restbuchwert bis zu 25%, begrenzt auf das zweieinhalbfache der aufgrund der Nutzungsdauer zulässigen linearen AfA
- Automatischer Übergang von der degressiven zur linearen AfA zum günstigsten Zeitpunkt oder frei wählbar
- Staffelabschreibungen, wie z.B. degressive Gebäude-AfA nach § 7 Abs. 5 EStG
- weitere Abschreibungssätze für Gebäude
- Sonderabschreibungen wie z.B. Mittelstandsabschreibung nach § 7g EStG für neue bewegliche Wirtschaftsgüter
- erhöhte Abschreibungen, z.B. nach § 7c oder § 7k EStG
- weitere Abschreibungsarten sollten frei definierbar sein.

Neben diesen Methoden für automatische Berechnungen sind in Anlagenbuchhaltungen folgende manuell erfassbare Abschreibungsmethoden Standard:

- Leistungsbezogene Abschreibung
- Übertragung stiller Reserven
- Rücklage für Ersatzbeschaffungen
- Abzug des Investitionsabzugsbetrages
- Nachholung in Vorjahren versehentlich unterlassener AfA
- Weitere frei definierbare manuelle Abschreibungen
- Außerplanmäßige Abschreibungen wie
- Absetzung für außergewöhnliche Abnutzung (AfaA)
- Teilwertabschreibungen.

Außer der Berechnung von steuerlichen Abschreibungen für das betreffende Wirtschaftsjahr bieten die meisten Anlagenprogramme die Möglichkeit, handelsrechtliche und kalkulatorische Abschreibungen auszuwerten. Diese Auswertungen sind weiter unten behandelt.

Zuschreibungen

Bei Zuschreibungen handelt es sich in der Regel darum, Abschreibungen der Vorjahre rückgängig zu machen, wenn die Gründe dafür nicht mehr bestehen.

Nachträgliche Wertsteigerungen ohne vorangegangene Abschreibung gehören in der

Regel nicht zu den Zuschreibungen, sondern werden entweder als Zugang (Nachaktivierung) oder als Erhaltungsaufwand angesehen. Das Gleiche gilt, wenn in den Vorjahren ein niedrigerer Wertansatz unzulässig war. Auch hier ist nicht zuzuschreiben, sondern statt dessen den fehlerhaften Ansatz zu korrigieren.

Theoretisch sind auch dann Zuschreibungen zulässig, wenn planmäßige Abschreibungen zu hoch angesetzt waren und damit stille Reserven gebildet wurden. Bei Kapitalgesellschaften ist dies ohnehin nicht erlaubt. Das Finanzamt könnte jedoch Einwände gegen die überhöhten Abschreibungen vorbringen. Hier wird anstelle von Zuschreibungen vorgeschlagen, den Abschreibungsplan zu korrigieren und den Buchwert über die tatsächliche restliche Nutzungsdauer zu verteilen.

Grundauswertungen

Anlagenspiegel

Der Anlagenspiegel - gelegentlich auch als Anlagegitter bezeichnet - stellt die wichtigste Auswertung der Anlagenbuchhaltung dar. In ihm ist die Entwicklung des Anlagevermögens im Laufe des Jahres abzulesen. Ein Anlagenprogramm sollte das Anlagegitter sowohl zu Ihrer eigenen Information als Einzelaufstellung für jeden Gegenstand, als auch in der nach § 268 Abs. 2 HGB geforderten Gliederung aufstellen. Nach dieser Vorschrift genügt es, die Entwicklung der einzelnen Anlagenposten darzustellen. Kleine GmbHs können die unten aufgelisteten Posten noch weiter zusammenfassen, und zwar auf die mit Buchstaben und römischen Zahlen bezeichneten Posten.

Abschreibungsliste

Eine Angabepflicht zur Höhe der Abschreibungen, insbesondere zu den steuerlichen Sonderabschreibungen, findet sich sowohl im Handelsrecht als auch im Steuerrecht. So sind in der Anlage St zur Körperschaftsteuer- und Einkommensteuererklärung Ab-schreibungen detailliert aufzugliedern..

Zusatzfunktionen

Neben den zuvor genannten Standard-Auswertungen bieten Anlagenprogramme häufig eine Vielzahl weiterer Berichte und Listenauswertungen. Diese umfassen zumeist den gesamten Datenbestand und sind nach ausgewählten Eingabefeldern sortiert und berechnet. Hier seien nur einige Auswertungen genannt:

- Kalkulationsberechnungen
- Versicherungslisten
- Buchungsjournal
- Inventarkarte einzelner Wirtschaftsgüter mit kompletter Historie
- Entwicklung des Anlagevermögens
- Abschreibungsvorschau
- Abschreibungs-Simulationen
- Inventarliste
- Vermögensaufstellung
- Etiketten
- Zugangs-/Abgangsliste mit Aufschlüsseln von Gewinn und Verlust.

Solche Auswertungen werden standardmäßig wahlweise auf DIN A3 und DIN A4 oder als Datei zur Weiterverarbeitung als Text oder Tabelle ausgegeben.

Ausschlaggebend für die Listengestaltung und deren Inhalt ist der Adressat der jeweiligen Auswertung. Während Kalkulationsberechnungen für die Kosten- und Leistungsrechnung angestellt werden, lassen sich mit Versicherungslisten die Policen für das Anlagevermögen verwalten. Daneben geben Planungsrechnungen eine Vorausschau auf die Entwicklung des Anlagevermögens auf Jahrzehnte hinaus, und Simulationen ermöglichen die Verteilung von Abschreibungen für große Investitionen. Mit dem Wegfall der Vermögensteuer verliert die Vermögensaufstellung an Bedeutung. Im Nachfolgenden sind die Kalkulationsrechnungen und die Versicherungslisten näher beschrieben.

Kalkulationsrechnungen

Die Betriebsbuchhaltung mit der Kosten- und Leistungsrechnung verwendet aus dem Zahlenwerk der Anlagenbuchhaltung die kalkulatorischen Abschreibungen und Zinsen.

Kalkulatorische Abschreibungen

Neben der Berechnung der steuerlichen Abschreibungen für das betreffende Wirtschaftsjahr bieten einige Anlagenprogramme Auswertungen mit zusätzlichen handelsrechtlichen und kalkulatorischen Abschreibungen. Dadurch sind AfA-Vergleiche nach steuerlichen, handelsrechtlichen und kalkulatorischen Kriterien möglich.
Als rein handelsrechtliche Abschreibungen kommen in Betracht:

- Abschreibung auf den niedrigeren beizulegenden Wert
- Abschreibung im Rahmen vernünftiger kaufmännischer Beurteilung.

Diese Beträge sind manuell einzubuchen.

Steuerliche und handelsrechtliche Abschreibungen für sich alleine geben ein unscharfes Bild über den tatsächlichen Wertverlust im Anlagevermögen (stille Reserven) und entsprechen nicht den für den Produktionsfaktor bei der Leistungserstellung anfallenden Kosten (z.B. ist der Einsatz einer Maschine oder eines Lkws nach steuerlicher Vollabschreibung mitnichten "kostenlos"). Um den wirtschaftlichen Einsatz eines Anlagegut zu bestimmen bleibt daher der Ansatz von kalkulatorischen Abschreibungen unumgänglich.

Bei der Erfassung der kalkulatorischen Abschreibungen in der Anlagenbuchhaltung sollte sowohl die manuelle Buchung als auch die automatische Berechnung aufgrund hinterlegter Rechenformeln möglich sein. Es kommt üblicherweise die lineare Methode zum Einsatz. Wesentliche Kriterien der kalkulatorischen Abschreibungsrechnung ist die Unter-Null-Rechnung und die Wahl des Basiswertes.

Beim ersten Kriterium entscheiden Sie, ob die Abschreibungen beim Restbuchwert von Null enden oder unter Null fortgerechnet werden sollen.

Als Basiswert für die kalkulatorischen Abschreibungen sind die Anschaffungs-/Herstellungskosten (AHK), der jeweilige Restbuchwert oder der Wiederbeschaffungswert zugrunde zu legen.

Wiederbeschaffungswerte

Den Wiederbeschaffungswert eines Wirtschaftsgutes geben Sie entweder manuell vor oder lassen ihn aufgrund von Indexreihen bzw. der Gewichtung der AHK mit einem festen Faktor errechnen. Unterschiedliche Indexreihen für Wiederbeschaffungswerte sind für einzelne Anlagegruppen vorab zu definieren:

Praxis-Beispiel

Verbraucherpreise Indexreihe 2015=100

PKW

Jahre	1	2	3	4	5	6	7	8	9	10
2000	81,5	82,6	83,5	84,9	86,2	87,6	89,6	91,9	92,2	93,2
2010	95,2	97,1	98,5	99,5	100,0	100,5	102,0	103,8	105,3	105,8

Anhang

Amtliche AfA-Tabelle für allgemein verwendbare Anlagegüter

ANLAGEGÜTER alphabetisch	Nutzungsdauer(i.J.)	FUNDSTELLE
Abfüllanlagen	10	5.22
Abgasmessgeräte (für Kfz)	8	3.3.2
Abgasmessgeräte (sonstige)	8	3.3.2
Abkantmaschinen	13	5.27
Abrichtmaschinen	13	5.1
Abscheider, Fett-	5	6.7
Abscheider, Magnet-	6	6.8
Abscheider, Nass-	5	6.9
Abspielgeräte, Video-	7	6.14.4
Abzugsvorrichtungen	14	3.10.5
Adressiermaschinen	8	6.14.1
Akkumulatoren	10	3.1.3
Aktenvernichter	8	6.14.13
Alarmanlagen	11	3.10.6
Anhänger	11	4.2.6
Anleimmaschinen	13	5.27
Anspitzmaschinen	13	5.27
Antennenmasten	10	6.13.5
Arbeitsbühnen, mobil	11	3.4.4.2
Arbeitsbühnen, stationär	15	3.4.4.1
Arbeitszelte	6	6.12

ANLAGEGÜTER alphabetisch	Nutzungsdauer(i.J.)	FUNDSTELLE
Ätzmaschinen	13	5.27
Audiogeräte	7	6.14.4
Aufbauten, Wechsel-	11	4.2.6
Aufbereitungsanlagen, Wasser-	12	3.1.10
Auflieger	11	4.2.6
Aufzüge, mobil	11	3.4.4.2
Aufzüge, stationär	15	3.4.4.1
Außenbeleuchtung	19	2.4
Automaten, Geldspiel-	4	7.5.1
Automaten, Getränke-	7	7.4.1
Automaten, Leergut-	7	7.4.1
Automaten, Musik-	8	7.5.2
Automaten, Passbild-	5	7.4.4
Automaten, Unterhaltungs- (Video-)	6	7.5.3
Automaten, Visitenkarten-	5	7.4.5
Automaten, Waren-	5	7.4.2
Automaten, Zigaretten-	8	7.4.3
Autotelefone	5	6.13.2.2
Autowaschanlagen	10	3.10.4
Autowaschstraßen	10	3.10.4
Bahnen, Hänge-	14	3.4.1
Bahnen, Rollen-	14	3.4.1
Bahnkörper (nach gesetzl. Vorschriften)	33	3.4.2.1
Bahnkörper (sonstige)	15	3.4.2.2

ANLAGEGÜTER alphabetisch	Nutzungsdauer(i.J.)	FUNDSTELLE
Ballone, Heißluft-	5	4.3.3
Bänder, Förder-	14	3.4.1
Bänder, Platten-	14	3.4.1
Bänder, Transport-	14	3.4.1
Banderoliermaschinen	8	5.26
Baracken	16	1.5
Barkassen	20	4.4.1
Baubuden	8	1.6
Baucontainer	10	3.6
Bautrocknungsgeräte	5	7.2.11
Bauwagen	12	4.2.10
Beleuchtung, Straßen- bzw. Außen-	19	2.4
Belüftungsgeräte (mobil)	10	6.6
Bepflanzungen in Gebäuden	10	6.18
Beschallungsanlagen	9	6.14.5
Beschichtungsmaschinen	13	5.27
Betonkleinmischer	6	7.1
Betonmauer	17	2.3.2
Betriebsfunkanlagen	11	6.13.4
Bewässerungsanlagen		2.7
Biegemaschinen	13	5.2
Bierzelte	8	1.7
Bildschirme	3	6.14.3.2
Blockheizkraftwerke	10	3.1.4

ANLAGEGÜTER alphabetisch	Nutzungsdauer(i.J.)	FUNDSTELLE
Bohnermaschinen	8	7.2.1
Bohrhämmer	7	5.4
Bohrmaschinen, mobil	8	5.3.2
Bohrmaschinen, stationär	16	5.3.1
Brennstofftanks	25	3.10.3
Brücken, Schilder-	10	2.5
Brücken, Straßen- (Holz)	15	2.2.2
Brücken, Straßen- (Stahl und Beton)	33	2.2.1
Brücken, Wege- (Holz)	15	2.2.2
Brücken, Wege- (Stahl und Beton)	33	2.2.1
Brückenwaagen	20	3.10.1
Brunnen	20	2.7.1
Buden, Bau-	8	1.6
Buden, Verkaufs-	8	6.17
Bühnen, Arbeits- (mobil)	11	3.4.4.2
Bühnen, Arbeits- (stationär)	15	3.4.4.1
Bühnen, Hebe- (mobil)	11	3.4.4.2
Bühnen, Hebe- (stationär)	15	3.4.4.1
Bulldog	12	4.2.4
Bürocontainer	10	3.6
Büromaschinen		6.14
Büromöbel	13	6.15
Bürstmaschinen	10	5.5
Cassettenrecorder	7	6.14.4

ANLAGEGÜTER alphabetisch	Nutzungsdauer(i.J.)	FUNDSTELLE
CD-Player	7	6.14.4
Computer, Personal-	3	6.14.3.2
Container, Bau-	10	3.6
Container, Büro-	10	3.6
Container, Transport-	10	3.6
Container, Wohn-	10	3.6
Dampferzeugung	15	3.1.1
Dampfhochdruckreiniger	8	7.2.4
Dampfkessel	15	3.1.1
Dampfmaschinen	15	3.1.1
Dampfturbinen	19	3.1.2
Datenverarbeitungsanlagen		6.14.3
Desinfektionsgeräte	10	7.2.2
Dienstleistungsautomaten		7.4
Drahtzaun	17	2.3.2
Drainagen (aus Beton oder Mauerwerk)	33	2.7.2.1
Drainagen (aus Ton oder Kunststoff)	13	2.7.2.2
Drehbänke	16	5.6
Drehflügler	19	4.3.2
Drehscheiben (nach gesetzlichen Vorschriften)	33	3.4.2.1
Drehscheiben (sonstige)	15	3.4.2.2
Drucker	3	6.14.3.2
Druckkessel	15	3.1.9
Druckluftanlagen	12	3.1.13

ANLAGEGÜTER alphabetisch	Nutzungsdauer(i.J.)	FUNDSTELLE
Druckmaschinen	13	5.27
EC-Kartenleser	8	6.14.14
Elektrokarren	8	4.5
Elevatoren	14	3.4.1
Eloxiermaschinen	13	5.27
Emissionsmessgeräte	8	3.3.2
Emissionsmessgeräte (für Kfz)	8	3.3.2
Emissionsmessgeräte (sonstige)	8	3.3.2
Entfettungsmaschinen	13	5.27
Entfeuchtungsgeräte, Bau-	5	7.2.11
Entgratmaschinen	13	5.27
Enthärtungsanlagen, Wasser-	12	3.1.11
Entlüftungsgeräte (mobil)	10	6.6
Entstaubungsvorrichtungen	14	3.10.5
Entwässerungsanlagen		2.7
Erodiermaschinen	13	5.27
Etikettiermaschinen	13	5.27
Fahnenmasten	10	7.6
Fahrbahnen (in Kies, Schotter, Schlacken)	9	2.1.2
Fahrbahnen (mit Packlage)	19	2.1.1
Fahrräder	7	4.2.2
Fahrzeuge		4
Fahrzeuge, Feuerwehr-	10	4.2.8.1
Fahrzeuge, Krankentransport-	6	4.2.8.2

ANLAGEGÜTER alphabetisch	Nutzungsdauer(i.J.)	FUNDSTELLE
Fahrzeuge, Rettungs-	6	4.2.8.2
Falzmaschinen	13	5.27
Färbmaschinen	13	5.27
Faschinen	20	2.6
Faxgeräte	6	6.13.3
Feilmaschinen	13	5.27
Fernschreiber	6	6.13.3
Fernseher	7	6.14.4
Fernsprechnebenstellenanlagen	10	6.13.1
Fettabscheider	5	6.7
Feuerwehrfahrzeuge	10	4.2.8.1
Filmgeräte	7	6.14.4
Fleischwaagen	11	6.19.6
Flipper	5	7.5.4
Flugzeuge unter 20 t höchstzulässigem Fluggewicht	21	4.3.1
Folienschweißgeräte	13	5.23
Förderbänder	14	3.4.1
Förderschnecken	14	3.4.1
Fotogeräte	7	6.14.4
Frankiermaschinen	8	6.14.1
Fräsmaschinen, mobil	8	5.7.2
Fräsmaschinen, stationär	15	5.7.1
Funkanlagen	11	6.13.4
Funkenerosionsmaschinen	7	5.8

ANLAGEGÜTER alphabetisch	Nutzungsdauer(i.J.)	FUNDSTELLE
Funktelefon	5	6.13.2.2
Galvanisiermaschinen	13	5.27
Gaststätteneinbauten	8	3.7
Gebläse, Heißluft- (mobil)	11	6.10
Gebläse, Kaltluft- (mobil)	11	6.10
Gebläse, Sandstrahl-	9	5.16
Geldprüfgeräte	7	6.14.12
Geldsortiergeräte	7	6.14.12
Geldspielgeräte (Spielgeräte mit Gewinnmöglichkeit)	4	7.5.1
Geldwechselgeräte	7	6.14.12
Geldzählgeräte	7	6.14.12
Gelenkwagen-Waggons	25	4.1
Gemüsewaagen	11	6.19.6
Generatoren, Strom-	19	3.1.2
Gerüste, mobil	11	3.4.4.2
Gerüste, stationär	15	3.4.4.1
Geschirrspülmaschinen	7	7.2.3
Getränkeautomaten	7	7.4.1
Gießmaschinen	13	5.27
Gläserspülmaschinen	7	7.2.3
Gleichrichter	19	3.1.2
Gleisanlagen (nach gesetzlichen Vorschriften)	33	3.4.2.1
Gleisanlagen (sonstige)	15	3.4.2.2
Golfplätze	20	2.9

ANLAGEGÜTER alphabetisch	Nutzungsdauer(i.J.)	FUNDSTELLE
Graviermaschinen	13	5.27
Großrechner	7	6.14.3.1
Grünanlagen	15	2.8
Grundstückseinrichtungen		2
Hallen in Leichtbauweise	14	1.1
Hallen, Kühl-	20	1.4
Hallen, Squash-	20	1.2
Hallen, Tennis-	20	1.2
Hallen, Tragluft-	10	1.3
Handy	5	6.13.2.2
Hängebahnen	14	3.4.1
Härtemaschinen	13	5.27
Häuser, Pumpen-	20	1.8
Hebebühnen, mobil	11	3.4.4.2
Hebebühnen, stationär	15	3.4.4.1
Heftmaschinen	13	5.27
Heißluftanlagen	14	3.1.8
Heißluftballone	5	4.3.3
Heißluftgebläse (mobil)	11	6.10
Heizgeräte, Raum- mobil	9	6.11
Hobelmaschinen, mobil	9	5.9.2
Hobelmaschinen, stationär	16	5.9.1
Hochdruckreiniger	8	7.2.4
Hochgeschwindigkeitszüge	25	4.1

ANLAGEGÜTER alphabetisch	Nutzungsdauer(i.J.)	FUNDSTELLE
Hochregallager	15	3.5
Hofbefestigungen (in Kies, Schotter, Schlacken)	9	2.1.2
Hofbefestigungen (mit Packlage)	19	2.1.1
Holzzaun	5	2.3.1
Hublifte, mobil	11	3.4.4.2
Hublifte, stationär	15	3.4.4.1
Hubschrauber	19	4.3.2
Hubwagen	8	4.5
Industriestaubsauger	7	7.2.5
Kabinen, Toiletten-	9	7.11
Kälteanlagen	14	3.1.8
Kaltluftgebläse (mobil)	11	6.10
Kameras	7	6.14.4
Karren, Elektro-	8	4.5
Kartenleser (EC-, Kredit-)	8	6.14.14
Kassen, Registrier-	6	6.14.7
Kassettenrecorder	7	6.14.4
Kehrmaschinen	9	7.2.6
Kessel einschl. Druckkessel	15	3.1.9
Kessel, Druck-	15	3.1.9
Kessel, Druckwasser-	15	3.1.9
Kessel, Wasser-	15	3.1.9
Kesselwagen	25	4.1
Kipper	9	4.2.3

ANLAGEGÜTER alphabetisch	Nutzungsdauer(i.J.)	FUNDSTELLE
Kläranlagen mit Zu- u. Ableitung	20	2.7.3
Kleintraktoren	8	4.2.5
Klimageräte (mobil)	11	6.5
Kombiwagen	6	4.2.1
Kommunikationsendgeräte, allgemein	8	6.13.2.1
Kompressoren	14	3.1.8
Kopiergeräte	7	6.14.10
Krafterzeugungsanlagen		3.1
Kraftwagen, Personen-	6	4.2.1
Kraft-Wärmekopplungsanlagen (Blockheizkraftwerke)	10	3.1.4
Krananlagen (ortsfest o.a. Schienen)	21	3.4.3.1
Krananlagen (sonstige)	14	3.4.3.2
Krankentransportfahrzeuge	6	4.2.8.2
Kreditkartenleser	8	6.14.14
Kühleinrichtungen	8	6.4
Kühlhallen	20	1.4
Kühlschränke	10	7.7
Kunstwerke (ohne Werke anerkannter Künstler)	15	6.19.5
Kuvertiermaschinen	8	6.14.1
Laboreinrichtungen	14	6.1
Laborgeräte	13	7.8
Lackiermaschinen	13	5.27
Ladeaggregate	19	3.1.2
Ladeneinbauten	8	3.7

ANLAGEGÜTER alphabetisch	Nutzungsdauer(i.J.)	FUNDSTELLE
Ladeneinrichtungen	8	6.2
Laderampen	25	1.11
Lager, Hochregal-	15	3.5
Lagereinrichtungen	14	6.1
Laptops	3	6.14.3.2
Lastkraftwagen	9	4.2.3
Lautsprecher	7	6.14.4
Leergutautomaten	7	7.4.1
Leichtbauhallen	14	1.1
Leinwände	8	6.14.6
Leser, Karten-	8	6.14.14
Lichtreklame	9	3.8
Lifte, Hub-, mobil	11	3.4.4.2
Lifte, Hub-, stationär	15	3.4.4.1
LKW	9	4.2.3
Lokomotiven	25	4.1
Loren	25	4.1
Löschwasserteiche	20	2.7.4
Lötgeräte	13	5.20
Luftfahrzeuge		4.3
Luftschiffe	8	4.3.4
Magnetabscheider	6	6.8
Materialprüfgeräte	10	3.3.3
Mess- und Regeleinrichtungen		3.3

ANLAGEGÜTER alphabetisch	Nutzungsdauer(i.J.)	FUNDSTELLE
Messeinrichtungen (allgemein)	18	3.3.1
Messestände	6	6.3
Messgeräte, Abgas-	8	3.3.2
Messgeräte, Emissions- (für Kfz)	8	3.3.2
Messgeräte, Emissions- (sonstige)	8	3.3.2
Mikroskope	13	7.8
Mikrowellengeräte	8	7.9
Mischer, Betonklein-	6	7.1
Mobilfunkendgeräte	5	6.13.2.2
Monitore	7	6.14.4
Motorräder	7	4.2.2
Motorroller	7	4.2.2
Musikautomaten	8	7.5.2
Nassabscheider	5	6.9
Nebenstellenanlagen, Fernsprech-	10	6.13.1
Nietmaschinen	13	5.27
Notebooks	3	6.14.3.2
Notstromaggregate	19	3.1.2
Obstwaagen	11	6.19.6
Omnibusse	9	4.2.7
Organisationsmittel		6.14
Orientierungssysteme	10	2.5
Overhead-Projektoren	8	6.13.6
Paginiermaschinen	8	6.14.2

ANLAGEGÜTER alphabetisch	Nutzungsdauer(i.J.)	FUNDSTELLE
Panzerschränke	23	6.19.2
Parkplätze (in Kies, Schotter, Schlacken)	9	2.1.2
Parkplätze (mit Packlage)	19	2.1.1
Passbildautomaten	5	7.4.4
Peripheriegeräte (Drucker, Scanner, Bildschirme u.ä)	3	6.14.3.2
Personalcomputer	3	6.14.3.2
Personenkraftwagen	6	4.2.1
Photovoltaikanlagen	20	3.1.6
Plattenbänder	14	3.4.1
Poliermaschinen, mobil	5	5.10.2
Poliermaschinen, stationär	13	5.10.1
Pontons	30	4.4.2
Portalwaschanlagen	10	3.10.4
Präsentationsgeräte	8	6.14.6
Präzisionswaagen	13	7.8
Pressen	14	5.11
Presslufthämmer	7	5.4
Projektoren, Overhead-	8	6.14.6
Prüfgeräte, Geld-	7	6.14.12
Pumpenhäuser	20	1.8
Räder, Fahr-	7	4.2.2
Räder, Motor-	7	4.2.2
Radios	7	6.14.4
Rampen, Lade-	25	1.11

ANLAGEGÜTER alphabetisch	Nutzungsdauer(i.J.)	FUNDSTELLE
Rasenmäher	9	7.10
Räumgeräte	9	7.2.7
Raumheizgeräte (mobil)	9	6.11
Recorder	7	6.14.4
Regeleinrichtungen (allgemein)	18	3.3.1
Registrierkassen	6	6.14.7
Reinigungsanlagen, Wasser-	11	3.1.12
Reinigungsgeräte		7.2
Reinigungsgeräte, fahrbar	9	7.2.6
Reinigungsgeräte, Teppich-	7	7.2.9
Reiseomnibusse	9	4.2.7
Reißwölfe (Aktenvernichter)	8	6.14.13
Rettungsfahrzeuge	6	4.2.8.2
Rohrpostanlagen	10	6.19.7
Rollenbahnen	14	3.4.1
Roller, Motor-	7	4.2.2
Rückgewinnungsanlagen	10	3.2
Rüttelplatten	11	5.13
Sägen aller Art, mobil	8	5.14.2
Sägen aller Art, stationär	14	5.14.1
Sandstrahlgebläse	9	5.16
Sattelschlepper	9	4.2.3
Scanner	3	6.14.3.2
Schalthäuser	20	1.8

ANLAGEGÜTER alphabetisch	Nutzungsdauer(i.J.)	FUNDSTELLE
Schaufensteranlagen	8	3.7
Schaukästen	9	3.9
Scheren, mobil	8	5.18.2
Scheren, stationär	13	5.18.1
Schienenfahrzeuge	25	4.1
Schilderbrücken	10	2.5
Schleifmaschinen, mobil	8	5.17.2
Schleifmaschinen, stationär	15	5.17.1
Schlepper	12	4.2.4
Schlepper, Sattel-	9	4.2.3
Schnecken, Förder-	14	3.4.1
Schneidemaschinen, mobil	8	5.18.2
Schneidemaschinen, stationär	13	5.18.1
Schornsteine (aus Mauerwerk o. Beton)	33	1.10.1
Schornsteine (aus Metall)	10	1.10.2
Schränke, Kühl-	10	7.7
Schränke, Panzer-	23	6.19.2
Schränke, Stahl-	14	6.19.1
Schreibmaschinen	9	6.14.8
Schuppen	16	1.5
Schweißgeräte	13	5.20
Schweißgeräte, Folien-	13	5.23
Segelyachten	20	4.4.3
Shredder	6	5.19

ANLAGEGÜTER alphabetisch	Nutzungsdauer(i.J.)	FUNDSTELLE
Signalanlagen (nach gesetzlichen Vorschriften)	33	3.4.2.1
Signalanlagen (sonstige)	15	3.4.2.2
Silobauten (Beton)	33	1.9.1
Silobauten (Kunststoff)	17	1.9.3
Silobauten (Stahl)	25	1.9.2
Solaranlagen	10	3.1.7
Sonderfahrzeuge		4.2.8
Sonstige Unterhaltungsautomaten (z.B. Flipper)	5	7.5.4
Sortiergeräte, Geld-	7	6.14.12
Speicher, Wasser-	20	2.7.5
Speisewasseraufbereitungsanlagen	12	3.1.11
Spezialwagen	25	4.1
Sprinkleranlagen	20	3.10.7
Spritzgussmaschinen	13	5.21
Spülmaschinen, Geschirr-	7	7.2.3
Squashhallen	20	1.2
Stahlschränke	14	6.19.1
Stahlspundwände	20	2.6
Stampfer	11	5.13
Stände, Verkaufs-	8	6.17
Stanzen	14	5.11
Stapler	8	4.5
Staubsauger, Industrie-	7	7.2.5
Stauchmaschinen	10	5.12

ANLAGEGÜTER alphabetisch	Nutzungsdauer(i.J.)	FUNDSTELLE
Stempelmaschinen	8	5.25
Sterilisatoren	10	7.2.8
Straßenbeleuchtung	19	2.4
Straßenbrücken (Holz)	15	2.2.2
Straßenbrücken (Stahl und Beton)	33	2.2.1
Straßenfahrzeuge		4.2
Stromerzeugung	19	3.1.2
Stromgeneratoren	19	3.1.2
Stromumformer	19	3.1.2
Tankanlagen, Treib- und Schmierstoff-	14	3.10.2
Tanks, Brennstoff-	25	3.10.3
Teiche, Löschwasser-	20	2.7.4
Telefone, Auto-	5	6.13.2.2
Telekommunikationsanlagen		6.13
Tennishallen	20	1.2
Teppiche, hochwertige (ab 500,- DM/m)	15	6.19.4.2
Teppiche, normale	8	6.19.4.1
Teppichreinigungsgeräte (transportabel)	7	7.2.9
Textendeinrichtungen	6	6.13.3
Theken, Verkaufs-	10	6.16
Toilettenkabinen	9	7.11
Toilettenwagen	9	7.11
Trafostationshäuser	20	1.8
Traglufthallen	10	1.3

ANLAGEGÜTER alphabetisch	Nutzungsdauer(i.J.)	FUNDSTELLE
Traktoren	12	4.2.4
Traktoren, Klein-	8	4.2.5
Transportanlagen		3.4
Transportbänder	14	3.4.1
Transportcontainer	10	3.6
Trennmaschinen, mobil	7	5.15.2
Trennmaschinen, stationär	10	5.15.1
Tresoranlagen	25	6.19.3
Tresore	23	6.19.2
Trockner, Wäsche-	8	7.3
Trocknungsgeräte, Bau-	5	7.2.11
Überwachungsanlagen	11	3.10.6
Ultraschallgeräte (nicht medizinisch)	10	3.3.4
Umzäunungen		2.3
Unterhaltungsautomaten, Musik-	8	7.5.2
Unterhaltungsautomaten, sonstige (z.B. Flipper)	5	7.5.4
Unterhaltungsautomaten, Video-	6	7.5.3
Ventilatoren	14	3.1.8
Verkaufsbuden	8	6.17
Verkaufsstände	8	6.17
Verkaufstheken	10	6.16
Vermessungsgeräte, elektronisch	8	3.3.5.1
Vermessungsgeräte, mechanisch	12	3.3.5.2
Verpackungsmaschinen	13	5.23

ANLAGEGÜTER alphabetisch	Nutzungsdauer(i.J.)	FUNDSTELLE
Verstärker	7	6.14.4
Vervielfältigungsgeräte	7	6.14.10
Videoautomaten	6	7.5.3
Videogeräte	7	6.14.4
Visitenkartenautomaten	5	7.4.5
Vitrinen	9	3.9
Waagen (Obst-, Gemüse-, Fleisch- u.ä.)	11	6.19.6
Waagen, Brücken-	20	3.10.1
Waagen, Präzisions-	13	7.8
Wagen, Bau-	12	4.2.10
Wagen, Hub-	8	4.5
Wagen, Kessel-	25	4.1
Wagen, Kombi-	6	4.2.1
Wagen, Lastkraft-	9	4.2.3
Wagen, Personenkraft-	6	4.2.1
Wagen, Spezial-	25	4.1
Wagen, Toiletten-	9	7.11
Wagen, Wohn-	8	4.2.9
Waggons	25	4.1
Warenautomaten	5	7.4.2
Wärmetauscher	15	3.1.14
Waschanlagen, Portal-	10	3.10.4
Wäschetrockner	8	7.3
Waschmaschinen	10	7.2.10

ANLAGEGÜTER alphabetisch	Nutzungsdauer(i.J.)	FUNDSTELLE
Waschstraßen, Auto-	10	3.10.4
Wasseraufbereitungsanlagen	12	3.1.10
Wasserenthärtungsanlagen	12	3.1.11
Wasserfahrzeuge		4.4
Wasserhochdruckreiniger	8	7.2.4
Wasserreinigungsanlagen	11	3.1.12
Wasserspeicher	20	2.7.5
Wechselaufbauten	11	4.2.6
Wechselgeräte, Geld-	7	6.14.12
Wegebrücken (Holz)	15	2.2.2
Wegebrücken (Stahl und Beton)	33	2.2.1
Weichen (nach gesetzlichen Vorschriften)	33	3.4.2.1
Weichen (sonstige)	15	3.4.2.2
Werkstatteinrichtungen	14	6.1
Winden, mobil	11	3.4.4.2
Winden, stationär	15	3.4.4.1
Windkraftanlagen	16	3.1.5
Wohncontainer	10	3.6
Wohnmobile	8	4.2.9
Wohnwagen	8	4.2.9
Workstations	3	6.14.3.2
Yachten, Segel-	20	4.4.3
Zählgeräte, Geld-	7	6.14.12
Zapfanlagen, Treib- und Schmierstoff-	14	3.10.2

ANLAGEGÜTER alphabetisch	Nutzungsdauer(i.J.)	FUNDSTELLE
Zeichengeräte, elektronisch	8	6.14.9.1
Zeichengeräte, mechanisch	14	6.14.9.2
Zeiterfassungsgeräte	8	6.14.11
Zelte, Arbeits-	6	6.12
Zelte, Bier-	8	1.7
Zentrifugen	10	7.12
Ziegelmauer	17	2.3.2
Zigarettenautomaten	8	7.4.3
Züge, Hochgeschwindigkeits-	25	4.1
Zusammentragmaschinen	12	5.24

Maßgeblich für die Schätzung der betriebsgewöhnlichen Nutzungsdauer sind die amtlichen AfA-Tabellen des Bundesfinanzministeriums.

Hierbei haben die 100 spezifischen Branchentabellen Vorrang zu der vorstehend abgedruckten Tabelle für "Allgemein verwendbare Anlagegüter. Die weiteren 100 Branchentabellen finden Sie hier:

http://www.richtigkontieren.de/anlag/afatab.htm

Auf den vier folgenden Seiten finden Sie den einen Inventarbogen, der Ihnen auch "am Stück" unter **www.richtigkontieren.de/anlag/tools** zum download bereitsteht.

Inventarbogen

Gegenstand	Monat	Jahr	Lieferfirma	Buchwert-		AfA		2020	2020	
				Vortrag	Nutzwert	lin.=1	jährlich	Zugang	AfA	Restwert
Standort, Fabrik-/				Anschaffung		degr.2	1. Jahr	Abgang		am 31.12.20
Seriennummer				EUR ct	Jahre	1 o. 2	EUR ct	EUR ct	EUR ct	EUR ct
I Immaterielle VG,			Buchwertvortrag				Nur Abgang:			
		2020			1	nur 1				
		2021			1	nur 1				
		2022			1	nur 1				
II. Sachanlagen										
Grundstücke			Buchwertvortrag							
		2020			Keine reguläre AfA					
		2021								
		2022								
Gebäude			Buchwertvortrag				Nur Abgang:			
		2020			1	1				
		2021			1	1				
		2022			1	1				
Maschinen			Buchwertvortrag				Nur Abgang:			
		2020			1	2				
		2020			1	2				
		2021			1	2				
		2021			1	2				
		2022			1	1				
		2022			1	1				
							SUMMEN			
Pkw			Buchwertvortrag				Nur Abgang:			
		2020			1	2				
		2021			1	2				
		2022			1	1				
							SUMMEN			
Lkw			Buchwertvortrag				Nur Abgang:			
		2020			1	2				

		2021			1	2				
		2022			1	1				
							SUMMEN			
Betriebsausstattung			Buchwertvortrag				Nur Abgang:			
		2020			1	2				
		2020			1	2				
		2021			1	2				
		2021			1	2				
		2022			1	1				
		2022			1	1				
							SUMMEN			
Büroausstattung			Buchwertvortrag				Nur Abgang:			
		2020			1	2				
		2020			1	2				
		2021			1	2				
		2021			1	2				
		2022			1	1				
		2022			1	1				
							SUMMEN			
Geringwertige WG			Buchwertvortrag				Nur Abgang:			
GWG, verteilt	12	2020			1	1				
GWG, sofort	12	2021			1	1				
Pool	12	2022			5					
							SUMMEN			
Anlagen im Bau			Buchwertvortrag							
							SUMMEN			
III. Finanzanlagen			Buchwertvortrag		Keine reguläre AfA					
		2020								
		2021								
		2022								
							SUMMEN			

2021		2021		2022		2022		Anlagenabgang		
Zugang	lin.=1	AfA	Restwert	Zugang	lin.=1	AfA	Restwert	Datum	Restwert	Verkaufs
Abgang	degr=2		am 31.12.21	Abgang	degr=2	nur 1	am 31.12.22			Erlös
EUR ct		EUR ct	EUR ct	EUR ct		EUR ct	EUR ct		EUR ct	EUR ct
	nur 1				nur 1					
	nur 1				nur 1					
	nur 1				nur 1					
	1									
	1				1					
	1				1					
					1					
	2				2					
	2				2					
	2				2					
	2				2					
					1					
					1					
	2				2					
	2				2					
					1					
	2				2					

	2				2					
					1					
	2				2					
	2				2					
	2				2					
	2				2					
					1					
					1					
	2				2					
	2				2					
	2				2					
	2				2					
					1					
					1					
	1				1					
	1				1					

Anlagenspiegel				
	Buchwert	Zugänge	Abschreib.	Buchwert
Anlageposten	Beginn Wj	Abgänge	Zuschreib.	Ende Wj.
I Immaterielle VG				
II. Sachanlagen				
Grundstücke				
Gebäude				
Maschinen				
Pkw				
Lkw				
Betriebsausst.				
Büroeinrichtung				
Geringwert. WG				
Anlagen im Bau				
III. Finanzanlagen				

INVENTARKARTE			
Gegenstand		Anlagen-Nr.	
Beschreibung		Sachkonto	
Standort		Normal AFA:	
Hersteller:		Anschaffungswert	
angeschafft:		Nachträgl. AK	
Nutzungsdauer		Gesamtkosten	

Jahr	TEXT	Wert 01.01.	AfA	§ 7g Absch-reib	Wert 31.12.
	Anschaffung				

ausgewählte Hersteller von Programmen zur Anlagenbuchhaltung

Nr.	Programmname	Adresse	Telefon	Nettopreis ab
	Hersteller		e-mail	
			Internet	
1	Lexware anlagenverwaltung	Munzinger Straße 9	0800 539 80 11	178,80 ,00 EUR pro Jahr
	Haufe-Lexware GmbH & Co. KG	79111 Freiburg	service@lexware.de	
			https://shop.lexware.de/anlagenbuchhaltung	
2	DATEV Anlagenbuchführung		0800 203283825	436,00 EUR pro Jahr
	DATEV eG		info@datev.de	
			http://www.datev.de	
3	addison Anlagenbuchhaltung	Stuttgarter Str. 35	07141-914-0	Anfrage
	ADDISON Software und Service GmbH	71638 Ludwigsburg	addison@wolterskluwer.com	
			http://www.addison.de	
4	Diamant 2020 Anlagenbuchhaltung	Stadtring 2	0521 9426020	Anfrage
	Diamant Software GmbH	33647 Bielefeld	info@diamant-software.de	
		Herr Gerald Bär	www.diamant-software.de	
5	GDI Anlagenbuchhaltung	Klaus-von-Klitzing-Straße 1	06341/9550 – 0	Anfrage
	GDI Gesellschaft für Datentechnik und Informationssysteme mbH	76829 Landau in der Pfalz	info@gdi.de	
			www.gdi.de	

Im Fachverlag für Steuern und Recht GmbH, Weinheim sind von Dipl.-Kfm. Elmar Goldstein bislang folgende Bücher erschienen:

- Einstieg in die Anlagenbuchhaltung
- So mache ich Inventur
- DATEV Buchführung kompakt
- Abrechnung der Steuerberater
- Kontierungstabelle für die Vereinsbuchhaltung
- Abschreibungs-Tabellen

Weitere Bücher sind im Haufe-Lexware Verlag, Freiburg erhältlich:

- Richtig Kontieren von A bis Z, Bestell-Nr. 1134
- Schnelleinstieg in die DATEV-Buchführung, Bestell-Nr 1135
- Belege richtig kontieren und buchen, Bestell-Nr 1170
- Lienig: Praktische Buchführung für Vereine, Bestell-Nr 7019
- Jahresabschluss – leicht gemacht, Bestell-Nr 1136
- GmbH-Jahresabschluss leicht gemacht, Bestell-Nr 6179
- Jahresabschluss der Personengesellschaften, Bestell-Nr 11001
- Betriebsprüfung im Unternehmen, Bestell-Nr 3084